大学计算机基础实训教程

（Windows 10+Office 2016）

（第3版）

主　编　陈焕东　郭学品　曾祥燕

副主编　康　东　周玉萍　邢海花

参　编　施金妹　蒋永辉　景　茹

　　　　陈君涛　冯军英　周娇丽

　　　　展金梅　陈淑敏　叶箴言

高等教育出版社·北京

内容提要

　　本书根据教育部高等学校计算机基础课程教学指导委员会提出的"大学计算机基础"课程目标要求，针对课程教学特点，紧紧围绕课堂教学、上机实验、课外训练、综合测试4个基本教学环节，从训练目标、上机实验、课外训练、综合测试4部分对实践训练内容进行了全面规划和安排。全书分为9章，涵盖计算机基础知识、Windows 操作系统、Word 文字处理、Excel 电子表格、PowerPoint 演示文稿、计算机网络基础、多媒体技术基础、信息技术新发展概述和综合测试等方面的实践与训练。

　　本书为"大学计算机基础"课程一体化教学资源建设的主要组成部分，与主教材《大学计算机基础（Windows 10 + Office 2016）（第 3 版）》和课程数字资源包"大学计算机基础 E-Learning 教学系统"配套使用，同时构建在线共享课程资源平台和课程网络教学平台提供网络化资源共享和教学服务。

　　本书可作为高等院校各专业计算机基础课程的教材，也可作为各类计算机基础知识的培训教材以及计算机初学者的自学参考书。

图书在版编目（ＣＩＰ）数据

　　大学计算机基础实训教程：Windows 10+Office 2016 / 陈焕东，郭学品，曾祥燕主编. --3 版. --北京：高等教育出版社，2021.9（2022.6重印）

　　ISBN 978-7-04-056634-5

　　Ⅰ. ①大… 　Ⅱ. ①陈… ②郭… ③曾… 　Ⅲ. ① Windows 操作系统-高等职业教育-教材 ②办公自动化-应用软件-高等职业教育-教材 　Ⅳ. ①TP316.7 ②TP317.1

　　中国版本图书馆 CIP 数据核字（2021）第 159701 号

Daxue Jisuanji Jichu Shixun Jiaocheng

策划编辑	吴鸣飞	责任编辑 吴鸣飞	封面设计 赵 阳	版式设计 于 婕
插图绘制	于 博	责任校对 张 薇	责任印制 刁 毅

出版发行	高等教育出版社	网　址	http://www.hep.edu.cn
社　址	北京市西城区德外大街 4 号		http://www.hep.com.cn
邮政编码	100120	网上订购	http://www.hepmall.com.cn
印　刷	山东百润本色印刷有限公司		http://www.hepmall.com
开　本	787 mm×1092 mm　1/16		http://www.hepmall.cn
印　张	11.75	版　次	2013 年 7 月第 1 版
			2021 年 9 月第 3 版
字　数	300 千字		
购书热线	010-58581118	印　次	2022 年 6 月第 2 次印刷
咨询电话	400-810-0598	定　价	29.50 元

第 3 版前言

在"十四五"规划开局之年，乘着信息技术高速发展之风，闻着思政教育遍地开花之香，随着计算机的全面普及，信息技术的应用已渗透到各个领域，如何较好地运用计算机分析问题和解决问题已成为社会各行各业必备的技能，计算机水平已经成为衡量大学生信息素养和能力的重要标志之一。

本书根据教育部高等学校计算机基础课程教学指导委员会提出的"大学计算机基础"课程目标要求，为适应最新的教学模式变化，针对课程教学特点，充分融入思政元素，基于 Windows 10+Office 2016 环境，紧紧围绕"课堂教学·上机实验·课外训练·综合测试"基本教学环节，全面规划了详细的训练目标知识体系，设计了"上机实验""课外训练""参考答案""综合测试"4 部分的训练内容，建设新形态一体化教材，以全面支撑 MOOC 或 SPOC 开放教学及翻转课堂、自主学习等混合式教学。

本书是与主教材《大学计算机基础（Windows 10+Office 2016）（第 3 版）》配套的实训教材，是"大学计算机基础"课程一体化教学资源建设的组成部分之一，与课程数字资源包"大学计算机基础 E-Learning 教学系统"配套使用，旨在便于教师教学和学生学习，提升教学质量，提高学生实训操作的应用能力。

本书根据《大学计算机基础课程教学基本要求》重新设计了训练目标，优化上机实验、参考答案和综合测试的内容，同时配合"大学计算机基础"课程一体化教学资源建设的需要，优化配套资源，新增并更新 SPOC 课程资源。

全书共分 9 章。第 1～8 章的内容与主教材《大学计算机基础（Windows 10+Office 2016）（第 3 版）》各章相对应，每章内容包括训练目标、上机实验、课外训练、参考答案 4 部分，参考答案可通过扫描书中二维码获取；第 9 章为综合测试，用于测试学生对教学内容的掌握情况和综合应用能力。本书配套数字课程资源，同时教学团队更新改版并提供"大学计算机基础 E-Learning 教学系统"配套使用。配套资源包括上机实验、课外训练、上机实验和综合测试所需的素材，PPT 和教学案例、实验、训练、测试等操作参考文件等，全面聚焦教学需求，支撑混合式教学模式，开展混合式开放性教学。

本书由陈焕东、郭学品、曾祥燕任主编，康东、周玉萍、邢海花任副主编。在本书的编写过程中，得到了海南省高校计算机基础教学指导委员会多位专家和众多同行教师的指导和支持，获得了海南科技职业大学和海南师范大学等学校的项目资助，本书在第 1 版、第 2 版编者的成果下进行了升级改版，赵庆成、雷震洲、陈美霞、叶鹏、董思岐等参与了本书的资源建设工作，在此一并表示衷心的感谢！

使用本书的教师可发邮件至编辑邮箱（1548103297@qq.com）获取教学基本资源。

限于编者水平有限，书中难免存在遗漏，欢迎读者批评指正。

作者联系方式：海南省海口市龙昆南路 99 号（邮编：571158），陈焕东，E-mail：1803133003@qq.com，电话：13876320809。

编　者
2021 年 6 月

第 2 版前言

本书为高等学校计算机基础课程教学改革系列教材。

本书根据教育部高等学校大学计算机课程教学指导委员会的重要教学指导文件《大学计算机基础课程教学基本要求》（2016 年 1 月，高等教育出版社出版）的要求，针对课程教学特点，紧紧围绕"课堂教学·上机实验·课外训练·综合测试"基本教学环节，全面规划了详细的知识体系及训练目标，设计了"上机实验""课外训练""参考答案""综合测试"4 个方面的训练内容，让读者能快速地掌握计算机应用的基础知识，加强相关操作技能训练及应用。

本书是"大学计算机基础"课程一体化教学资源建设的组成部分之一，与主教材《大学计算机基础（Windows 7+Office 2010）（第 2 版）》(陈焕东、林加论、宋春晖主编)、课程数字资源包"大学计算机基础 E-Learning 教学系统"配套使用，目的是便于教师教学和学生学习，提高教学质量和学生的实际应用能力。

全书共 8 章。第 1～7 章的内容与主教材《大学计算机基础（Windows 7+Office 2010）（第 2 版）》各章相对应，每章内容包括训练目标、上机实验、课外训练、参考答案 4 部分；第 8 章为综合测试，用于测试学生对教学内容的掌握情况和综合应用能力。

本书根据《大学计算机基础课程教学基本要求》重新设计了训练目标，优化上机实验、参考答案和综合测试的内容，同时配合"大学计算机基础"课程一体化教学资源建设的需要，优化了配套资源，新增了 SPOC 课程资源，在"智慧职教"（www.icve.com.cn）网站上线，读者可登录网站学习。

本书由邢海花、林加论、吴淑雷主编，陈焕东、宋春晖、蒋永辉任副主编，参编有展金梅、林先念、陈君涛。

在本书的编写过程中，得到了海南省高校计算机基础教学指导委员会的指导和支持，由海南省教育厅立项建设，得到海南师范大学资助，在编写过程中还得到众多同行教师的支持和帮助。在此，衷心地感谢对本书的编写给予帮助和支持的各级单位和各方人士！

限于编者知识水平，书中难免存在疏漏，欢迎读者批评指正。

作者联系方式：海南省海口市龙昆南路 99 号 海南师范大学教务处（邮编 571158），陈焕东；
E-mail：chd@hainnu.edu.cn；电话：13876320809。

编 者
2017 年 7 月

第 1 版前言

随着信息技术突飞猛进的发展，人们无论在工作、学习还是生活中都离不开计算机，计算机操作技能在现代信息社会中日显重要。当代大学生只有掌握计算机基础知识和应用技能，并与时俱进地学习计算机科学的新知识和新技术，才能适应信息时代的发展。"大学计算机基础"课程为大学计算机基础教育的第一门课程，同时也是高等学校非计算机专业的必修课，其面向的学生占高校学生比例约 90%。因此，本课程的建设与改革对信息时代高级人才培养有着非常重要的意义。编者根据教育部计算机基础教学指导委员会对本课程的教学目标要求，在总结长期从事计算机基础教育研究和教学实践的基础上，以目前较流行的计算机应用软件为蓝本组织编写。

本书为《大学计算机基础（Windows 7 + Office 2010）》主教材配套的实训教程，同时，根据实验教学和强化训练的需要，编者还开发了与本书配套使用的"大学计算机基础 E-Learning 教学系统"（以下简称"教学系统"）和网络教学资源平台，目的是便于教师教学和学生学习，提高教学质量和学生的实际应用能力。

全书共 11 章。第 1～10 章的内容与主教材《大学计算机基础（Windows 7 + Office 2010）》各章相对应，每章内容包括训练目标、上机实验、课外训练和参考答案 4 部分；第 11 章为综合测试，用于测试学生对内容的掌握情况和综合应用能力。

◆ **训练目标**　训练目标是本书的提纲要领，是大学计算机基础课程的学习目标，它根据教育部高等学校计算机基础核心课程实施方案的要求进行设计，后续实验中目标分解、要点分析的内容将紧紧围绕训练目标来进行设计和组织。

◆ **上机实验**　上机实验是根据教学内容和训练目标进行设计和安排的。在完成各章节内容的教学后，都需要进行相应的实验操作，按照操作软件功能分类，共安排了 33 个实验。在教学系统中对实验操作中的重点、难点设计了视频演示，学生可浏览完成操作的演示过程，此外还安排了提示、分析、注意及思考等内容。上机实验所需要的素材文件由教学系统提供，存放在 D:\PCTrain 文件夹中，并提供操作结果参考文件。

◆ **课外训练**　课外训练是以各章为单位，训练项目包括理论知识训练、应用操作训练、综合应用实践。理论知识训练的目标是帮助学生理解与延伸概念及应用理论（包括选择题、填空题、思考题）；应用操作训练根据各章节的教学重点和难点而设计，其目标是帮助学生巩固知识和熟练操作技能；综合应用实践可让学生快速地掌握软件的使用方法和了解实际设计制作方法。

◆ **参考答案**　参考答案对理论知识训练中的练习题和主教材《大学计算机基础（Windows 7 + Office 2010）》中的思考题提供参考解答，目的是让读者对问题进行思考后能得到参考答案。

◆ **综合测试**　综合测试是根据课程设计总体目标，为强化学生学习基础知识和操作技能而设计的综合实训。共有 8 套题，每套题包括选择题和操作题，也可作为结束课程的考核模拟试题。

◆ **配套教学系统**　配套教学系统即为配套本书使用的"大学计算机基础 E-Learning 教学系统"。配套教学系统全面提供本课程的教学资源，书中实例、上机实验、综合训练和综合测试所需的素材，还提供了上机实验、综合训练和综合测试的操作结果，以供读者参考。

💡【PCTrain 文件夹说明】

① 本书所需要的所有素材文件均存放在 D:\PCTrain 文件夹（其结构如图 1 所示）中。每当运行 Web-Learning 时，D:\PCTrain 文件夹中的文件将被自动刷新，方便学生反复进行操作。

② 上机实验的操作结果文件要求保存在 D:\Try 文件夹中，D:\Try 文件夹由学生创建。

③ 上机实验的操作结果在相应的 D:\PCResult 文件夹中，以便学生参考。

图 1 D:\ PCTrain 文件夹结构图

本书由邢海花、陈焕东主编，宋春晖、陈君涛副主编，其中第 1～6 章由邢海花撰写，第 7 章由宋春晖撰写，第 8～10 章由陈君涛撰写，第 11 章由陈焕东撰写，全书由陈焕东统稿。

本书在编写过程中得到海南省高校计算机基础教学指导委员会的指导，得到海南省教育厅、海南师范大学立项建设并资助，还得到吴淑雷、林加论、黎瑞成、李晓玲、孙敏、张锦、曾祥燕、林承师、康东等同行的支持和帮助。在此，衷心感谢对本书的编写和出版工作给予帮助和支持的各个单位和同仁！

由于编者水平有限，书中难免存在疏漏，欢迎广大读者批评指正，以便共同进步和提高。

作者联系方式：海南省海口市龙昆南路 99 号 海南师范大学信息学院（邮编 571158），陈焕东，E-mail：1803133003@qq.com，电话：13876320809。

编　者
2013 年 4 月

目　录

第 1 章　计算机基础知识

1.1　训练目标

① 掌握计算机的基本概念和计算机发展的 4 个阶段；了解微型计算机发展的 5 个阶段、计算机技术发展趋势以及计算机在各个领域的应用。

② 了解计算机的系统组成及其各部分的作用，理解计算机的工作原理；了解微型计算机的硬件组成及各部件的作用，如主板、中央处理器（CPU）、内部存储器、外部存储器、总线和接口、输入设备、输出设备等。

③ 理解常用进制数的表示方法，理解数码、基数和位权；掌握 R 进制数转换成十进制数，十进制数转换成 R 进制数，二进制数与八进制数、十六进制数间的相互转换；掌握二进制数的加、减、乘、除等运算。

④ 理解计算机数据与编码基本概念；了解数值编码、西文字符编码（ASCII 码）、汉字编码（汉字国标码、汉字机内码、汉字输入码和汉字字形码）；了解多媒体数据表示，如声音、图形和图像、视频等。

⑤ 了解信息的概念；了解访问控制技术、口令认证和密码认证的机制；掌握防火墙的概念和防火墙的种类；了解数据加密技术、数字签名的特点和数字证书的功能。

⑥ 掌握计算机病毒的基本概念和分类；理解计算机病毒的特点和主要传播方式；理解计算机病毒的防治措施；掌握常见杀毒软件的使用方法。

1.2　上机实验

1.2.1　键盘操作

【实验目的】

① 了解个人计算机的主要组成部分及其功能。
② 掌握开机、关机的方法和操作步骤。
③ 掌握键盘的使用以及正确的击键方法，了解标准指法操作。

【实验内容和步骤】

1. 观察个人计算机的组成

① 指出主机、显示器、键盘、鼠标、硬盘指示灯、USB 接口等。

② 找出主机、显示器的开关位置和指示位置，了解各开关按钮的作用。

③ 了解键盘的布局。

2. 开机与关机操作

① 开机操作。先打开显示器电源开关，再打开主机电源开关，观察主机电源指示灯和显示器电源指示灯，观察屏幕上显示的提示信息。

② 关机操作。单击"开始"按钮，在弹出的界面下方有"电源"图标，单击该图标，在弹出的选项中选择"关机"选项，主机将自动关闭电源开关，最后关闭显示器电源开关。

3. 键盘的使用

（1）观察键盘的 4 个分区

选择"开始→所有程序→Windows 附件→记事本"菜单命令，打开"记事本"软件，进行指法练习。

① 坐姿端正，两脚平放地上，肩部放松，大臂自然下垂，前臂与后臂间角度略小于 90°，指端的第一关节与键盘间构成 80°，右手拇指轻放在空格键上。打字时除了手指悬放在基本键上以外，身体的其他部位都不能搁在键盘边沿的桌子上。

② 9 个手指（左手拇指不用）分管不同的键位。

③ 不击键时，将左手小指、无名指、中指、食指分别置于"A、S、D、F"键上，左手拇指自然向掌心弯曲，将右手食指、中指、无名指、小指分别置于"H、J、K、L;"键上，右手拇指轻置于空格键盘上，如图 1.1 所示。

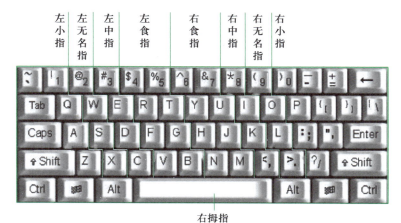

图 1.1
键盘示意图

📖【提示】

A、S、D、F、H、J、K、L 这 8 个键被称为基准键。基准键和空格键是 9 个手指不击键时的停留位置，多数情况下手指由基准键盘位出发分工击打各自键盘位。

④ 稿件放于键盘右边，眼睛只看稿件（盲打），击键迅速、准确、力度适当。

（2）字符键操作

标准指法操作直接击打英文字母、数字、基本符号键，在一个文档中输入如下字符：

Abcdefghijklmnopqrstuvwxyz　0123456789 + -*∨

（3）Shift 上档功能键的使用

左手按住 Shift 键不放，输入如下字符：

· # ￥ % …… — * （ ） —— + QWERTYUIOP{}ASDFGHJKL："ZXCVBNM《》？

（4）CapsLock 大写字母锁定键的使用

按下 CapsLock 键，观察键盘提示区的 CapsLock 指示灯。若灯亮，则输入字母显示大写；再按下 CapsLock 键，CapsLock 指示灯灭，则输入字母显示小写。

（5）NumLock 数字锁定键的使用

在数字键盘区按下 NumLock 键，若 NumLock 指示灯亮，此时按下数字键盘区各键，则屏幕显示相应数字；再按 NumLock 键，则 NumLock 指示灯灭，此时按下数字键盘区各键屏幕无显示，这时具有下档功能。

1.2.2　输入练习

【实验目的】

① 学会计算机系统的开关机的方法及步骤。

② 了解键盘的布局和位置，掌握键盘使用及正确的击键方法。

③ 掌握标准指法操作，提高键盘操作速度。

【实验准备】

安装"金山打字通"应用软件。

【实验内容和步骤】

1．拼音输入法的使用说明

拼音输入法是按照汉字的读音输入汉字的，只要会汉字的读音就可以输入汉字，因此拼音输入法受到大众的青睐。当前主流的拼音输入法主要有搜狗拼音输入法、微软拼音输入法和智能 ABC 等。Windows 10 系统内置了微软拼音输入法。

通过系统提供的在线帮助可获得微软拼音输入法的使用说明，具体操作方法是：用鼠标右击输入法状态窗口左边的"中/英"按钮，在弹出的快捷菜单中选择"设置"命令，在弹出的窗口中选择"获取帮助"选项就可以得到详细的使用说明。

2．五笔型输入法的使用说明

五笔字型输入法较其他输入法难于掌握，需要经过较为系统的学习才能使用，掌握五笔字型输入法的关键是记住字根，建议学习者至少花半个月的时间专门熟记字根。对于汉语拼音把握不准的用户来说，五笔字型输入法是一种理想的输入法选择。

3．输入训练

通过"金山打字通"应用软件系统地进行键盘输入练习。

① 启动"金山打字通"应用软件，阅读系统说明，掌握软件操作的基本方法。

② 进入英文练习界面，进行标准指法训练。

③ 进入中文练习界面，选择一种汉字输入法，进行中文输入方法训练。

④ 反复进行输入训练，熟练掌握一种中文输入法，达到一定的汉字输入速度。

1.2.3　查阅资料

掌握当前国产华为手机微处理器的性能指标，并和苹果、高通手机微处理器进行比较，提出对国产手机微处理器发展前景的看法。

1.3　课外训练

1.3.1　选择题

第 1 章
选择题及参考答案

1. 计算机可以直接识别的程序设计语言是（　　）。
   A. 机器语言　　　　　　　　　　　　B. 数据库系统语言
   C. 汇编语言　　　　　　　　　　　　D. BASIC 语言

2. 以下属于计算机在电子商务领域应用的是（　　）。
   A. 使用 ERP 软件管理企业资产　　　　B. 使用计算机监控锅炉温度
   C. 在淘宝网购物　　　　　　　　　　D. 使用计算机模拟宇宙大爆炸

3. （　　）是指用计算机模拟人类的智能。
   A. 科学计算　　　　　　　　　　　　B. 虚拟现实
   C. 人工智能　　　　　　　　　　　　D. 多媒体

4. 以下属于系统软件的是（　　）。
   A. 数据库系统　　　　　　　　　　　B. Word
   C. Excel　　　　　　　　　　　　　　D. Microsoft Edge

5. 采用大规模和超大规模集成电路的计算机属于（　　）。
   A. 第三代计算机　　　　　　　　　　B. 第一代计算机
   C. 第二代计算机　　　　　　　　　　D. 第四代计算机

6. 电子商务是指（　　）。
   A. 与电有关的商务事物
   B. 利用计算机和网络进行的商务活动
   C. 政府机构运用现代计算机和网络技术，将其管理和服务职能转移到网络上去完成
   D. 买卖计算机的商业活动

7. 个人计算机属于（　　）。
   A. 微型计算机　　　　　　　　　　　B. 巨型机
   C. 小型计算机　　　　　　　　　　　D. 中型计算机

8. 化工厂中使用计算机系统控制物料配比、温度调节、阀门开关的应用属于（　　）。
   A. 科学计算　　　　　　　　　　　　B. 过程控制
   C. 数据处理　　　　　　　　　　　　D. CAD/CAM

9. 世界上第一台电子计算机的逻辑元件是（　　）。
   A. 继电器　　　　　　　　　　　　　B. 电子管
   C. 晶体管　　　　　　　　　　　　　D. 集成电路

10. 世界上第一台计算机诞生于（　　　）。
    A. 1971 年　　　　　　　　　　B. 1946 年
    C. 1947 年　　　　　　　　　　D. 1964 年

11. 以微处理器为核心组成的微型计算机属于（　　　）计算机。
    A. 第三代　　　　　　　　　　B. 第一代
    C. 第二代　　　　　　　　　　D. 第四代

12. 在计算机应用中，"计算机辅助设计"的英文缩写为（　　　）。
    A. CAI　　　　　　　　　　　B. CAD
    C. CAM　　　　　　　　　　　D. CAT

13. （　　　）管理和控制计算机系统的所有资源。
    A. 应用软件　　　　　　　　　B. 实用程序
    C. 语言处理程序　　　　　　　D. 操作系统

14. 智能手环属于（　　　）。
    A. 可穿戴智能设备　　　　　　B. 智能手机
    C. 智能家居　　　　　　　　　D. 智能车载设备

15. 从外观上看，计算机一般包括（　　　）。
    A. 显示器、打印机和扫描仪　　B. 主机、键盘、显示器和鼠标
    C. 硬盘、软盘和打印机　　　　D. 硬件系统和软件系统

16. 第 1 次提出了计算机的存储概念，并确定了计算机的基本结构的人是（　　　）。
    A. 牛顿　　　　　　　　　　　B. 冯·诺伊曼
    C. 爱因斯坦　　　　　　　　　D. 爱迪生

17. 计算机操作系统的主要作用是（　　　）。
    A. 控制和管理计算机软件、硬件资源
    B. 实现计算机与用户之间的信息交换
    C. 实现计算机硬件与软件之间信息的交换
    D. 实现计算机程序代码的转换

18. 计算机的发展是以（　　　）的发展为核心的。
    A. 硬盘　　　　　　　　　　　B. 内存
    C. 微处理器（CPU）　　　　　D. 芯片

19. 计算机的基本组成包括（　　　）。
    A. 主机、输出设备和显示器
    B. 主机、输入设备和存储器
    C. 微处理器、存储器和输入输出设备
    D. 键盘、显示器、打印机和运算器

20. SSD 硬盘指的是（　　　）。
    A. 固态硬盘　　　　　　　　　B. 机械硬盘
    C. 混合硬盘　　　　　　　　　D. 无正确答案

21. 计算机系统由（　　　）。
    A. 硬件系统和软件系统组成　　B. 主机和系统软件组成
    C. 硬件系统和应用软件组成　　D. 微处理器和软件系统组成

22. 计算机系统与外部交换信息主要通过（　　）来完成。

    A. 鼠标   B. 输入输出设备

    C. 键盘   D. 显示器

23. 计算机中的所有信息都是以二进制方式表示的，主要理由是（　　）。

    A. 物理元件性能所致   B. 运算速度快

    C. 节约元件   D. 信息处理方便

24. 如果一台计算机不包含（　　），则称之为"裸机"。

    A. 任何软件   B. 外部设备

    C. 内存   D. CPU

25. 为解决某一特定问题而设计的指令序列称为（　　）。

    A. 程序   B. 文档

    C. 语言   D. 系统

26. 下列属于操作系统的是（　　）。

    A. Word   B. Oracle

    C. SQL   D. Linux

27. 用来进行算术逻辑运算的部件是（　　）。

    A. 内存储器   B. 运算器

    C. 控制器   D. 外存储器

28. （　　）是计算机的"神经中枢"。

    A. 存储器   B. 运算器

    C. 控制器   D. I/O 设备

29. （　　）属于多媒体输入设备。

    A. 话筒   B. 打印机

    C. 图形压缩卡   D. 喇叭

30. CPU 是由控制器和（　　）一起组成的。

    A. 计数器   B. 运算器

    C. 存储器   D. 计算器

31. DRAM 的特点是（　　）。

    A. 其中的信息只能读不能写

    B. 在不断电的条件下，其中的信息保持不变，因而不必定期刷新

    C. 在不断电的条件下，其中的信息不能长时间保持，因而必须定期刷新

    D. 其中的信息断电后不会消失

32. 以下不属于输入设备的是（　　）。

    A. 键盘   B. 光笔

    C. 打印机   D. 鼠标

33. 关于 CPU 的叙述错误的是（　　）。

    A. CPU 进行运算所需的数据来自内存

    B. CPU 主要由运算器和控制器组成

    C. CPU 是计算机的硬件核心

    D. CPU 的主频决定了计算机的运行速度

34. 关于 ROM 的叙述正确的是（　　　　）。
    A. ROM 的容量一般比 RAM 要大
    B. ROM 即随机存储器
    C. ROM 的内容可以使用特殊的方法修改
    D. ROM 中一般存放计算机杀毒程序

35. 计算机的字长取决于 CPU 内数据总线的宽度，若一台计算机的字长是 4B，则它在 CPU 中作为一个整体加以传送处理的二进制代码为（　　　　）位。
    A. 32　　　　　　　　　　　　　B. 4
    C. 8　　　　　　　　　　　　　　D. 64

36. 计算机能否进一步扩展内存主要取决于（　　　　）。
    A. 内存种类　　　　　　　　　　B. CPU 型号
    C. 扩展槽多少　　　　　　　　　D. 总线类型

37. 计算机主机由运算器、控制器和（　　　　）组成。
    A. 磁盘　　　　　　　　　　　　B. 存储器
    C. CPU　　　　　　　　　　　　D. 累加器

38. 2B 表示（　　　　）二进制位。
    A. 8 位　　　　　　　　　　　　B. 16 位
    C. 32 位　　　　　　　　　　　　D. 4 位

39. 配置高速缓冲存储器（Cache）是为了解决（　　　　）。
    A. 主机与外设之间速度不匹配的问题
    B. CPU 与内存之间速度不匹配的问题
    C. CPU 与外存之间速度不匹配的问题
    D. 内存与外存之间速度不匹配的问题

40. 以下属于输入/输出设备的部件是（　　　　）。
    A. 打印机　　　　　　　　　　　B. RAM
    C. ROM　　　　　　　　　　　　D. 硬盘

41. 以下关于外部存储器说法错误的是（　　　　）。
    A. 外部存储器中的数据不能和 CPU 直接交换
    B. 外部存储器的速度比内存储器慢
    C. 外部存储器的存储容量比内存储器小
    D. 外部存储器常见部件包括硬盘、光盘、磁带等

42. 微型计算机总线不包括（　　　　）。
    A. 地址总线　　　　　　　　　　B. 信号总线
    C. 数据总线　　　　　　　　　　D. 控制总线

43. 下列存储器中，只有（　　　　）能够直接与 CPU 交换数据。
    A. 辅助存储器　　　　　　　　　B. CD-ROM 光盘
    C. 内存储器　　　　　　　　　　D. 外存储器

44. 下列存取速度最快的部件是（　　　　）。
    A. 磁盘　　　　　　　　　　　　B. U 盘
    C. 主存储器　　　　　　　　　　D. Cache

45. 下列全部属于硬件的选项是（　　）。
　　A. 鼠标、Word 和 Excel
　　B. CPU、ROM 和 DOS
　　C. U 盘、硬盘和光盘
　　D. 显示器、RAM 和 DOS

46. 下列各组设备中，全部属于输入设备的一组是（　　）。
　　A. 硬盘、打印机和键盘
　　B. 键盘、磁盘和打印机
　　C. 键盘、鼠标和显示器
　　D. 键盘、扫描仪和鼠标

47. 可以反复多次读写的光盘是（　　）。
　　A. CD-ROM
　　B. DVD-ROM
　　C. CD-R
　　D. MO

48. 运算器的主要功能是（　　）。
　　A. 执行指令
　　B. 进行算术、逻辑运算
　　C. 存储数据
　　D. 传送数据

49. 在衡量计算机的主要性能指标中，字长指的是（　　）。
　　A. 计算机的总线数
　　B. 计算机运算部件一次能够处理的二进制数据位数
　　C. 8 位二进制长度
　　D. 存储系统的容量

50. 在计算机领域中，通常用英文单词 Byte 来表示（　　）。
　　A. 二进制位
　　B. 字
　　C. 字长
　　D. 字节

51. 连接计算机和鼠标可以使用（　　）接口。
　　A. USB
　　B. VGA
　　C. HDMI
　　D. RJ45

52. 1KB=（　　）B。
　　A. 1000
　　B. 1024
　　C. 16
　　D. 8

53. 计算机内的数据都是以（　　）进制表示。
　　A. 十
　　B. 二
　　C. 八
　　D. 十六

54. 十进制数 415 转换为二进制数是（　　）。
　　A. （100010001）$_B$
　　B. （111101110）$_B$
　　C. （100000000）$_B$
　　D. （110011111）$_B$

55. 下列各种进制的数中，最小的数是（　　）。
　　A. （2B）$_H$
　　B. （101001）$_B$
　　C. （52）$_O$
　　D. （44）$_D$

56. 常用的拼音输入法、五笔字型输入法等实际上是实现了汉字的（　　）。
　　A. 交换码和输入码的对应关系
　　B. 输入码和机内码的对应关系
　　C. 交换码和机内码的对应关系
　　D. 输入码和字形码的对应关系

57. 大写字母 A 的 ASCII 为十进制 65，ASCII 码为十进制 68 的字母是（　　）。
　　A. D
　　B. B
　　C. C
　　D. E

58. 如果以下编码位数相同，（　　）表示的范围最大。

    A. 原码   B. 反码

    C. 补码   D. 无正确答案

59. 4 位二进制（含 1 位符号位）的补码表示范围是（　　）。

    A. −7～+7   B. 0～15

    C. −8～+7   D. −7～+8

60. 一个汉字机内码占（　　）个字节。

    A. 4   B. 1

    C. 2   D. 16

61. 以下属于信息表现形式的是（　　）。

    A. 光盘   B. 网络

    C. 书   D. 文字

62. 下面对信息的理解错误的是（　　）。

    A. 信息不会随时间的推移而变化

    B. 天气预报可反映出信息的时效性

    C. 刻在甲骨文上的文字说明信息的依附性

    D. 盲人摸象引出信息具有不完全性

63. 对重要数据，平时要经常进行（　　）。

    A. 检查是否完整   B. 备份

    C. 更新   D. 修改

64. 防火墙用于将 Internet 和内部网络隔离，（　　）。

    A. 是防止 Internet 火灾的硬件设施

    B. 是网络安全和信息安全的软件和硬件设施

    C. 是保护线路不受破坏的软件和硬件设施

    D. 是抗电磁干扰作用的硬件设施

65. 网络钓鱼实施攻击主要采用的技术手段不包括（　　）。

    A. 电子邮件   B. IP 欺骗

    C. Web 欺骗   D. 蓝牙

66. 描述数字信息的接受方能够准确地验证发送方身份的技术术语是（　　）。

    A. 加密   B. 解密

    C. 对称加密   D. 数字签名

67. 不隐藏明文字母，但打乱字母的排列顺序的加密方法是（　　）。

    A. 恺撒密码   B. 代码加密

    C. 替换加密   D. 变位加密

68. 身份认证的含义是（　　）。

    A. 注册一个用户   B. 标识一个用户

    C. 验证一个用户   D. 授权一个用户

69. 口令机制通常用于（　　）。

    A. 认证   B. 标识一个用户

    C. 注册   D. 授权

70. 防火墙能够（　　　）。
    A. 防范恶意的知情者
    B. 防范通过它的恶意链接
    C. 保证网络安全
    D. 完全防止传送已被病毒感染的软件和文件

71. 避免对系统非法访问的主要方法是（　　　）。
    A. 加强管理　　　　　　　　　B. 身份认证
    C. 访问控制　　　　　　　　　D. 访问分配权限

72. 为了防范黑客的侵害，可以采取（　　　）手段对付黑客攻击。
    A. 时常备份系统　　　　　　　B. 使用防火墙技术
    C. 使用安全扫描工具发现黑客　　D. 以上 3 种都对

73. 一旦发现木马，可采取的紧急措施不包括（　　　）。
    A. 立即更改所有账号和密码
    B. 删除所有用户硬盘上原来没有的东西
    C. 立刻切断电源并关机
    D. 检查硬盘上是否有病毒存在

74. 不属于文件性病毒传播途径的是（　　　）。
    A. 文件交换　　　　　　　　　B. 系统引导
    C. 邮件　　　　　　　　　　　D. 网络

75. 发现计算机硬盘中了病毒以后，采取比较有效的处理方式是（　　　）。
    A. 格式化硬盘的系统分区　　　B. 用查毒软件处理
    C. 删除硬盘上的所有文件　　　D. 用杀毒软件处理

76. 防止 U 盘感染病毒的有效方法是（　　　）。
    A. 保持 U 盘的清洁
    B. 对 U 盘进行写保护或定期进行查杀毒处理
    C. 不要把 U 盘与有病毒的 U 盘放在一起
    D. 定期对 U 盘进行格式化

77. 计算机病毒的主要特征有（　　　）。
    A. 破坏性　　　　　　　　　　B. 潜伏性
    C. 传染性　　　　　　　　　　D. 以上都是

78. 目前最好的杀毒软件的作用是（　　　）。
    A. 查出计算机已感染的任何病毒，消除其中的一部分
    B. 检查计算机是否染有病毒，消除已感染的任何病毒
    C. 杜绝病毒对计算机的感染
    D. 检查计算机是否染有部分病毒，消除已感染的部分病毒

79. 计算机病毒是指（　　　）。
    A. 已被破坏的计算机程序
    B. 编制有错误的计算机程序
    C. 设计不完善的计算机程序
    D. 以危害系统为目的的特殊的计算机程序

80. 下面不属于杀病毒软件的是（　　　）。

    A. 瑞星杀毒软件   B. 360 杀毒

    C. 金山毒霸   D. CIH

1.3.2 填空题

1. 第四代计算机采用的物理器件是_____。

2. 计算机辅助设计简称_____，计算机辅助制造简称_____。

3. 计算机系统由_____和_____两大部分组成。

4. _____和_____合称为中央处理器，简称 CPU。

5. 计算机中存储信息的最小单位是_____。

6. 在计算机中，1TB=_____B。

7. 存储器主要用来存放_____和_____。

8. 输入设备是向计算机输入程序、数据和命令的部件，常见的输入设备有_____、_____等。

9. 在计算机中，数据是以_____的形式进行存储的。

10. ASCII 是用_____位二进制数进行编码的。

11. 键盘上的 Backspace 键和 Enter 键分别称为_____、_____。

12. 使用鼠标_____一个对象，可以调出其快捷菜单。

13. 启动计算机有两种方式：_____和_____。

14. 为了使计算机系统安全可靠地工作，开机和关机要按照一定的顺序进行。开机的顺序是：先开_____，再开_____。关机顺序是先关_____，再关_____。

15. 计算机的硬件系统主要由 5 个部分组成，分别是_____、_____、_____、_____和_____。

16. 汉字在计算机中使用_____个字节的编码表示。

17. 断电以后，信息还能继续保存的存储器是_____存储器。

18. 磁盘在第一次使用时，通常要进行_____。

19. 内存单元按字节编制，地址 0000A000H～0000BFFFH 共有_____个存储单元。

20. CD-ROM 光盘存储容量是_____。

21. 信息一般有_____、_____、_____和_____4 种形态。

22. _____技术是指将一个信息（或称明文，Plain Text）经过加密钥匙（Encryption Key）及加密函数转换，变成无意义的密文（Cipher Text），而接收方则将此密文经过解密函数、解密钥匙（Decryption Key）还原成明文。

23. 根据防火墙所采用的技术不同，可以将防火墙分为_____、_____、_____、_____和_____。

24. 数字签名就是信息的发送者使用_____算法技术，产生别人无法伪造的一段数字串。

25. 数字证书是标志通信各方身份的数据，是一种安全分发公钥的方式。_____负责密钥的发放、注销及验证。

26. 计算机病毒是一种人为制作的，通过非授权入侵而隐藏在可执行程序或数据文

第 1 章
填空题及参考答案

件中的_____。

27. 计算机病毒的传播途径有两种，一种是通过_____传播；另一种是通过_____传播。

28. 信息安全是指保护信息的_____、_____和_____。防止非法修改、删除、使用、窃取数据信息。

29. 数字证书可用于_____、_____、_____等网上签约和网上银行等安全电子事务处理和安全电子交易活动。

30. 计算机病毒一般具有_____、_____、_____、_____、针对性、触发性等特征。

第 2 章　Windows 操作系统

2.1　训练目标

① 理解操作系统的定义、功能及特点；了解操作系统的分类及 Windows 操作系统的发展过程。

② 掌握 Windows 的启动和退出，认识 Windows 桌面及其组成；掌握窗口的组成及相关操作。掌握剪贴板概念及使用方法；掌握活动窗口和屏幕画面的图片截取；了解帮助系统的功能，掌握帮助系统的使用方法。

③ 了解控制面板的各种功能；学会使用 Windows Modern 设置与控制面板对计算机系统相关内容进行设置，如桌面背景、屏幕保护、用户管理等；了解 Windows 10 中的 3 种计算机用户类型；理解如何添加新用户、管理账户、切换账户、使用家长控制等操作；掌握 Windows 应用程序的安装和卸载、硬件及驱动程序的安装和卸载。

④ 掌握文件和文件夹的各种操作，包括创建、浏览、选取、复制、移动、删除、属性设置、重命名、查找、创建快捷方式等操作。

⑤ 掌握 Windows 常用附件的使用，如记事本、画图、计算器、录音机、截图工具等；掌握 Windows 文档创建、保存等过程，学会使用剪贴板交换信息。

⑥ 理解磁盘分区与创建逻辑驱动器、磁盘格式化、磁盘检查、磁盘碎片管理、磁盘清理等操作方法；了解备份数据和还原数据的操作方法；了解常用的压缩和解压缩软件，掌握利用 WinRAR 软件对数据进行压缩/解压缩操作。

2.2　上机实验

2.2.1　Windows 基本操作

【实验目的】

① 掌握 Windows 的启动和退出，认识 Windows 桌面及其组成；掌握鼠标和键盘操作。

② 了解 Windows 窗口组成及操作；了解对话框的组成及操作。

③ 学会使用帮助系统。

实验视频 2-2-1
Windows 基本操作

【实验内容和步骤】

（1）开机启动 Windows 操作系统，观察 Windows 桌面组成和操作

用鼠标移动桌面上各个图标的位置，如"此电脑""用户的文件""网络""回收站"等；指出在任务栏中的各个组成部分，如"开始"按钮、应用程序图标、输入法图标、时钟图标等组成元素，调整任务栏的显示位置和大小。

（2）Windows 窗口操作

分别打开"此电脑""记事本""回收站"等应用程序窗口，对窗口分别进行最大化、最小化、还原、移动、改变窗口大小、关闭等操作。

（3）对话框的基本操作

单击"开始"按钮，找到并单击"设置"按钮，打开 Windows 设置窗口，单击"时间与语言"超链接，进入"日期与时间"窗口，单击手动设置日期与时间的"更改"按钮，打开"更改日期与时间"对话框，观察对话框与窗口的区别，并更改计算机的日期和时间。

（4）任务栏和"开始"菜单的基本设置

① 选择"开始→Windows 附件→画图"菜单命令，打开"画图"应用程序。任务栏上显示"画图"的图标，并将其最小化。观察任务栏上图标的变化。

② 通过单击任务栏的图标，在"此电脑"和"画图"窗口间进行切换。对这些窗口进行层叠、堆叠、并排显示操作。

📖【提示】

窗口进行层叠、堆叠、并排显示操作可通过将鼠标放在任务栏上右击，在弹出的菜单中选择相关的菜单命令。Windows 10 系统将任务栏和"开始"菜单属性整合到"设置"里，右击任务栏弹出的快捷菜单中的"属性"命令被去除。

③ 选择"开始→设置→个性化→开始"菜单命令，打开"开始"设置窗口，可以对"开始"菜单的项目进行设置，分别打开不同的选项开关后，观察相应的变化。

④ 选择"开始→设置→个性化→任务栏"菜单命令，打开"任务栏"设置窗口，可以对"任务栏"进行设置，分别打开不同的选项开关后，观察相应的变化。

⑤ 在任务栏上右击，在弹出的快捷菜单中选择启动"任务管理器"命令，观察当前活动的任务。

（5）在 Windows 10 中使用多种方法查找以获取帮助，从而获得帮助信息

📖【提示】

可选择在任务栏的"搜索"框中输入问题或关键字，以查找应用、文件和设置并从 Web 获取帮助或在"设置"界面的最下方中单击"获取帮助"超链接 🔗 获取帮助 通过提问对话获得相关问题的使用设置详细信息，并查找适用于用户的 Microsoft 产品的解决方案。

（6）关闭所有应用程序窗口，并退出 Windows 操作系统

2.2.2　Windows 环境定制

实验视频 2-2-2
Windows 环境定制

【实验目的】

学会使用 Windows 控制面板以及设置对计算机系统进行设置。

【实验内容和步骤】

（1）进行个性化桌面效果，包括桌面背景、窗口和屏幕保护设置。

① 在桌面空白处右击，在弹出的快捷菜单中选择"个性化"命令，打开"个性化"窗口，单击窗口左侧的"背景"超链接，打开"背景"窗口，在中间选择用户喜欢的背景图片，在选择契合度的下拉菜单中选择"平铺"图片。

② 在"个性化"窗口中单击左侧的"锁屏界面"超链接，打开"锁屏界面"窗口，单击下方"屏幕保护程序设置"超链接，打开"屏幕保护程序设置"对话框，选择名为"3D文字"的屏幕保护程序，输入滚动文字"我设置了屏幕保护"，设置"等待时间"为1分钟；观察显示设置效果，然后将显示设置恢复到原来的设置。

③ 在"个性化"窗口的主题栏中选择某一个Windows主题，观察窗口、任务栏等界面显示效果。

④ 在"个性化"窗口中单击左侧的"颜色"超链接，打开"颜色"窗口，在"选择颜色"下拉菜单中选择主题颜色为"深色"模式，在"选择你的主题色"中选取任意主题色，并在"开始"菜单、任务栏和操作中心区域显示该主题色。

（2）在控制面板的小图标查看方式下，单击"日期和时间"超链接，打开"日期和时间"对话框，改变计算机系统日期和时间的设置。也可单击"设置"的"时间与语言"超链接，打开"日期和时间"窗口，手动更改日期与时间。

（3）在控制面板的小图标查看方式下，单击"鼠标"超链接，打开"鼠标属性"对话框，对鼠标进行设置：适当调整鼠标指针的速度，选择用户喜欢的一种鼠标指针形状，适当调整双击鼠标的速度。此外，还可以单击"设置"中的"设备"超链接，打开鼠标"设置"窗口，适当调整主按钮、鼠标滚动行数等设置。利用类似的方法单击控制面板中的"键盘"超链接，打开"键盘属性"对话框设置键盘属性。

2.2.3 Windows 应用程序安装

【实验目的】

学会 Windows 应用程序的安装和删除；安装、删除硬件及驱动程序。

【实验内容和步骤】

1. 添加程序

（1）在安装前必须先获取该软件的安装程序和确认硬件是否满足软件的需求。在此使用网络上下载的共享软件和免费软件，或通过来源可靠的软件光盘获取需安装的软件。

（2）安装应用程序的一般方法是：双击应用程序的安装文件，该文件名一般为setup.exe、install.exe 或以软件名称命名的安装程序，在打开的安装向导中根据提示进行操作。

（3）在安装过程中，应注意以下事项。

① 一般需要确认接受软件使用协议，即同意"许可证协议"。

② 为防止盗版，有些软件设有安装序列号，在安装该类软件时需要输入该软件的安装序列号。

③ 选择安装路径。

④ 选择需要安装的组件或软件。有的软件在安装过程中会让用户选择是否安装捆绑

实验视频 2-2-3
Windows 应用程序
安装 1

实验视频 2-2-3
Windows 应用程序
安装 2

的程序，用户可以根据需要选择是否安装。

2．安装其他硬件驱动

以安装打印机的驱动为例。

① 选择"开始→设置→设备"菜单命令，打开"打印机和扫描仪"窗口，单击工具栏上的"添加打印机或扫描仪"按钮。

② 此时 Windows 10 系统会自动扫描打印机，若扫描不到打印机，则单击"我需要的打印机不在列表中"超链接，弹出添加打印机的对话框，选择"通过手动设置添加本地打印机或网络打印机"选项，并单击"下一步"按钮。

③ 选择打印机数据线所连接的计算机端口，并单击"下一步"按钮。

④ 在安装打印驱动程序的对话框中，在左侧选择打印机厂商，在右侧选择相应的型号，若没有相应的选项则可单击"从磁盘安装"按钮，选择准备好的打印机驱动程序后，单击右下角的"下一步"按钮。

⑤ 在"键入打印机名称"文本框中输入打印机名称，单击"下一步"按钮。

⑥ 系统将自动安装所选打印机的驱动程序，安装完成后弹出"打印机共享"对话框，设置打印机共享方式，单击"下一步"按钮。

⑦ 在打开的对话框中单击"完成"按钮。

2.2.4　Windows 文件与文件夹操作

实验视频 2-2-4
Windows 文件与文件夹操作

【实验目的】

① 掌握 Windows 中"资源管理器"和"此电脑"窗口的操作。

② 掌握文件和文件夹的各种操作，包括选取、复制、移动、删除、属性设置、新建、重命名、查找、磁盘格式化、创建快捷方式等操作。

③ 掌握文件夹的属性的设置方法。

【实验内容和步骤】

（1）打开"此电脑"窗口，双击 D 盘图标，打开"本地磁盘（D:）"窗口，观察窗口内容变化。

（2）分别打开"资源管理器"和"此电脑"窗口，比较它们是否有区别。

（3）在"资源管理器"窗口中，将 C:\Windows 设置为当前文件夹，分别按名称、类型、大小和日期排列窗口右侧图标，找出 explorer.exe 文件。

（4）使用"此电脑"窗口右上方的"搜索"工具，或使用"开始"菜单中的"搜索"工具找出 Config.sys 文件。

（5）在 D:\Try 下建立如图 2.1 所示的目录树。

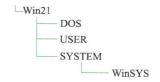

图 2.1
目录树结构图

（6）在以上建立的文件夹结构中进行如下文件和文件夹操作。

① 将 C:\Windows 文件夹中以 Winh 开头的所有文件中选取两个复制到 Win21 文件

夹；将 C:\Windows 文件夹中字节数不大于 1 KB 的 2 个文件复制到 USER 文件夹；将 D:\PCTrain\Word\综合训练素材中扩展名为 docx 的 2 个文件复制到 USER 文件夹，并设置为只读文件属性。

② 将 DOS 文件夹重命名为 DSS。

③ 将 WinSYS 文件夹移到 DSS 文件夹下。

④ 删除 SYSTEM 文件夹。

（7）画出完成以上操作后目录 Win21 的结构图。

（8）在 D:\Try 下建立如图 2.2 所示的文件夹结构，完成以下操作。

图 2.2
文件夹结构图

① 将 C:\ Windows 文件夹中的所有的文本文档复制到 SUB11 文件夹中。

② 将 D:\PCTrain\Excel 文件夹中的所有文件复制到 SUB22 文件夹中。

③ 将 SUB11 文件夹中的所有以 S 开头的文件放入回收站。

④ 将 SUB22 文件夹中最后修改的两个文件移动到 SUB33 文件夹中。

⑤ 打开回收站，还原 setupact.log 文件。

（9）为 Microsoft Word 应用程序在桌面上创建快捷方式，命名为"文字处理软件"；在 Win22 文件夹中创建 SUB22 文件夹的快捷方式。

（10）文件夹属性的设置。

① 右击 Win22 文件夹，在弹出的快捷菜单中选择"属性"命令，打开文件夹"属性"对话框，在"常规"选项卡中，查看文件的类型、位置、大小、占用空间、创建时间等信息。

② 更改文件夹的名称,在"常规"选项卡中的文本框中输入新的文件夹名称 MyPhoto。

③ 保护文件夹，选中"只读"复选框，将文件夹属性设置为只读。

④ 共享文件夹，在"共享"选项卡进行"网络文件和文件夹共享"设置。

⑤ 单击"确定"按钮，保存设置。

（11）自定义文件夹。

① 在文件夹窗口中右击选中相应的文件夹，在弹出的菜单中选择"属性"命令，打开该文档的属性对话框，进入"自定义"选项卡。

② 在"你想要哪种文件夹"选项区域中单击"优化此文件夹"下方的下拉按钮，在弹出的下拉列表框中选择相应的选项来更改当前文件夹的类型,如"文档""图片""音乐""视频"等。

③ 在"文件夹图片"选项区域中单击"选择文件"按钮，在打开的"浏览"对话框中，选择一幅图像文件后单击"打开"按钮，可把该图像文件作为文件夹的外观图案。单击"还原默认图标"按钮，可以清除用户自定义的图案，并返回到 Windows 默认模式。

④ 单击"确定"按钮完成设置。

2.2.5 Windows 常用附件

【实验目的】

掌握 Windows 常用附件的使用方法，Windows 文档创建过程，使用剪贴板交换信息。

实验视频 2-2-5
Windows 常用附件

【实验内容和步骤】

（1）选择"开始→Windows 附件"菜单项，在弹出的子菜单中分别选择"记事本""写字板""画图""计算器""截图工具"等应用程序。

（2）使用"记事本"程序创建文本文件 win51.txt 保存于 D:\Try 中，输入如下文字：

> 现在的社会是一个高速发展的社会，科技发达、信息流通。

（3）使用"写字板"程序创建文档文件 win52.rtf 保存于 D:\Try 中，输入如下文字，并将 win51.txt 文件中的文字信息复制到 win52.rtf 文件的开头。

> 人们之间的交流越来越密切，生活也越来越方便，大数据就是这个高科技时代的产物。

（4）在"画图"程序中使用工具自由绘制一幅图画，并以 win53.png 文件名保存于 D:\Try 中。有关使用"画图"程序的信息，可单击"画图"窗口右上方的"帮助"按钮 ❓。

（5）使用"计算器"应用程序进行计算，单击"打开导航"按钮 ≡，在列表中分别选择"标准型""科学型""程序员"和"日期计算"4 种方式，观察它们的区别。

【提示】

① 本书上机实验所需的素材文件均由"大学计算机基础 E-Learning 教学系统"提供，存放在 D:\PCTrain 文件夹中。每当运行 E-Learning 时，D:\PCTrain 文件夹中的文件将被自动刷新，方便读者反复进行操作。

② 上机实验的操作结果文件要求保存在 D:\Try 文件夹中，D:\Try 文件夹由读者事先创建。

2.2.6　中英文输入法

实验视频 2-2-6
中英文输入法

【实验目的】

掌握添加/删除中文输入法的方法。

【实验内容和步骤】

（1）删除和添加输入法。

① 选择"开始→设置"命令，打开"设置"窗口。

② 在"设置"窗口中单击"时间与语言"超链接，打开"语言"设置窗口。

③ 在"首选语言"栏目中单击"选项"按钮。

④ 在弹出的"语言选项"窗口中，选择"微软五笔输入法"选项，单击"删除"按钮，即可删除该输入法。

⑤ 单击上方"添加键盘"按钮，在弹出的复选框列表中选择 "微软拼音"输入法，即可添加该输入法。

（2）使用微软拼音输入法在记事本中输入以下文字。

> 在现今的社会，大数据的应用越来越彰显它的优势，它应用的领域也越来越大，如电子商务、O2O、物流配送等，各种利用大数据进行发展的领域正在协助企业不断地发展新业务，创新运营模式。有了大数据这个概念，对于消费者行为的判断，产品销售量的预测，精确的营销范围以及存货的补给已经得到全面的改善与优化。

•2.2.7 Windows 综合训练

实验素材 2-2-7
Windows 综合训练

【实验目的】

① 掌握文件和文件夹的创建、复制、移动、重命名、改变文件类型、删除、属性设置等操作。

② 掌握文档基本操作，包括文档的创建、输入、编辑、保存、关闭等。

③ 掌握使用键盘捕捉屏幕、捕捉窗口等操作。

④ 掌握系统 Windows 附件的使用方法。

【实验内容和步骤】

1. 在 D:\PCTrain\Win\Win-A1 文件夹下进行以下操作

① 将 Win-A1 文件夹下名为"自贸区"的子文件夹中的名为"自由化.NEW"的文件删除。

② 将 Win-A1 文件夹下的"放权审批\法治化"子文件夹中建立一个名为"依法治国"的新文件夹。

③ 将 Win-A1 文件夹下的"简税制\国际化"子文件夹中文件名为"全球化.FIP"的文件复制到 Win-A1 文件夹下名为"低税率"的子文件夹中。

④ 将 Win-A1 文件夹下名为"自贸港"的子文件夹中的名为"现代化.PAS"的文件设置为隐藏和只读属性。

⑤ 将 Win-A1 文件夹下名为"零关税"的子文件夹中名为"制度体系.FOR"的文件移动到 Win-A1 下名为"海南岛"的子文件中，并将文件名改为"改革制度体系.FOR"。

【提示】

Win-A1 的文件夹结构及文件如图 2.3 所示。

实验视频 2-2-7
Windows 综合训练 1

实验视频 2-2-7
Windows 综合训练 2

实验视频 2-2-7
Windows 综合训练 3

实验视频 2-2-7
Windows 综合训练 4

实验视频 2-2-7
Windows 综合训练 5

实验结果
Windows 综合训练

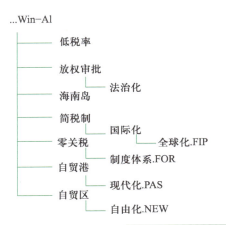

```
...Win-A1
   ├── 低税率
   ├── 放权审批
   │      └── 法治化
   ├── 海南岛
   ├── 简税制
   │      └── 国际化
   │             └── 全球化.FIP
   ├── 零关税
   │      └── 制度体系.FOR
   ├── 自贸港
   │      └── 现代化.PAS
   └── 自贸区
          └── 自由化.NEW
```

图 2.3
Win-A1 文件夹结构及文件

2. 在 D:\PCTrain\Win\Win-A2 文件夹下进行以下操作

① 将 Win-A2 文件夹下名为"三沙市"的子文件夹中名为"西沙区.PAS"的文件删除。

② 将 Win-A2 文件夹下"儋州市\东坡书院"子文件夹中建立一个名为"重点文物保护单位"的子文件夹。

③ 将 Win-A2 文件夹下"海口市\龙华区"子文件夹中名为"现代化治理.FOR"的文件复制到 Win-A2 文件夹下名为"琼海市"的子文件夹中。

④ 将 Win-A2 文件夹下名为"文昌市"的子文件夹中名为"宋氏祖居.NEW"的文件设置为隐藏和只读属性。

⑤ 将 Win-A2 文件夹下名为"三亚市"的子文件夹中名为"天涯区.FIP"的文件移动到 Win-A2 文件夹下名为"万宁市"的子文件夹中，并改名为"国家冲浪基地.FIP"。

📖【提示】

Win-A2 的文件夹结构及文件如图 2.4 所示。

图 2.4
Win-A2 文件夹结构及文件

3.　在 D:\PCTrain\Win\Win-A3 文件夹下进行以下操作

① 在 Sub1 文件夹下以"数学班"为名创建一个子文件夹。

② 在 Sub1 文件夹下 Sub2 子文件夹中创建一个名为 file 的 Excel 文件。

③ 改变 Tree 文件夹下的 Class.doc 文件类型为文本文档。

④ 将 Write3 文件夹下扩展名为 txt 的所有文件复制到 Winword3 文件夹下。

⑤ 将 Write3 文件夹中的 Word 文档设置为只读的文件属性。

📖【提示】

Win-A3 的文件夹结构及文件如图 2.5 所示。

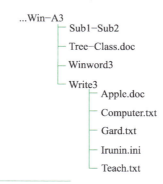

图 2.5
Win-A3 文件夹结构及文件

4.　在 D:\PCTrain\Win\Win-A4 文件夹下进行以下操作

① 将 Appli 中 Document 子文件夹的所有文件复制到 Appli 文件中。

20

② 在 Inter 文件夹下以 Internet 为名创建一个子文件夹。

③ 删除 Inter 文件夹下的 Root 子文件夹。

④ 将 Use 文件夹下的 Call.txt 的文件重命名为 Lin.doc。

⑤ 设置 Write 文件夹下的所有文件为只读的文件属性。

📖【提示】

Win-A4 的文件夹结构及文件如图 2.6 所示。

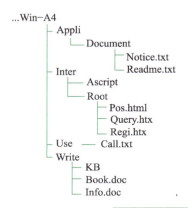

图 2.6
Win-A4 文件夹结构及文件

5. 在 D:\PCTrain\Win\Win-A5 文件夹下进行以下操作

① 将 ABCDisk 下的 DD1 文件夹中的 Word 文档移到 ABCDisk 文件夹中。

② 在 ABCDisk 下的 DD2 文件夹中创建子文件夹 Liming。

③ 删除 Abcfff 文件夹下的文本文档。

④ 在 Win-A5 文件夹中建立 Abmrom 文件夹的快捷方式。

⑤ 将文件夹 First 重命名为 Chen。

📖【提示】

Win-A5 的文件夹结构及文件如图 2.7 所示。

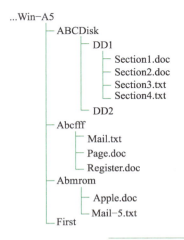

图 2.7
Win-A5 文件夹结构及文件

2.3　课外训练

第 2 章
选择题及参考答案

• 2.3.1　选择题

1. Windows 是（　　）软件。
   A. 多任务的字符界面操作系统
   B. 单任务的字符界面操作系统
   C. 多任务图形用户界面操作系统
   D. 单任务图形用户界面环境的操作系统

2. 下面说法不正确的是（　　）。
   A. 使用 Windows 操作系统需要记忆大量的操作命令
   B. Windows 是美国微软公司的产品
   C. Windows 是一个图形化界面的操作系统
   D. 用户通过 Windows 管理计算机软件、硬件资源

3. 下列是单任务操作系统的是（　　）。
   A. UNIX　　　　　　　　　　　　B. Windows XP
   C. MS DOS　　　　　　　　　　　D. Windows 10

4. 下列说法不正确的是（　　）。
   A. MS DOS 是单用户单任务操作系统
   B. Windows XP 是图形界面操作系统
   C. MS DOS 是字符界面的操作系统
   D. Windows 10 是单用户多任务操作系统

5. "回收站"中存放的是（　　）。
   A. 可以是硬盘或软盘上被删除的文件或文件夹
   B. 只能是硬盘上被删除的文件或文件夹
   C. 只能是软盘上被删除的文件或文件夹
   D. 可以是所有外存储器中被删除的文件或文件夹

6. Windows 的菜单命令前经常有"•"符号，关于这一符号正确的描述是（　　）。
   A. 在分组菜单中，有且仅有一个命令带有符号"•"
   B. 它用于选中分组菜单命令中的某项命令
   C. 有"•"表示该命令在此组命令中被选中
   D. 前 3 项描述均正确

7. Windows 的桌面指的是（　　）。
   A. 打开的应用程序和文档的全部窗口
   B. Windows 启动成功后的整个屏幕
   C. 当前屏幕上的应用程序窗口
   D. 某个正在运行的程序窗口

8. Windows 下拉菜单的命令右侧有"..."表示（　　）。
   A. 表示该命令无效　　　　　　　　B. 该命令暂不能执行
   C. 执行该命令将打开对话框　　　　D. 执行该命令将弹出下一级子菜单

9. 当多个窗口被打开时，当前窗口只有一个，则其他窗口的程序（　　）。
    A. 在后台运行　　　　　　　　　　B. 暂停执行
    C. 终止运行　　　　　　　　　　　D. 继续运行
10. 以下关于对窗口与对话框的叙述中，正确的是（　　）。
    A. 对话框有菜单而窗口没有　　　　B. 窗口可以改变大小而对话框不能
    C. 窗口有标题而对话框没有　　　　D. 窗口有命令按钮而对话框没有
11. 以下关于"回收站"的叙述中，正确的是（　　）。
    A. 回收站的内容可以恢复，但只能恢复一部分内容
    B. 暂存硬盘上被删除的对象
    C. 回收站的内容不可以恢复
    D. 回收站的内容不占用硬盘空间
12. 回收站中的内容（　　）。
    A. 不占用存储空间　　　　　　　　B. 可以恢复
    C. 不能恢复　　　　　　　　　　　D. 永远不能清除
13. 将鼠标指针移至（　　）上拖曳，即可移动窗口位置。
    A. 状态栏　　　　　　　　　　　　B. 格式栏
    C. 标题栏　　　　　　　　　　　　D. 菜单栏
14. 在 Windows 界面中，当一个窗口最小化后，其图标位于（　　）中。
    A. 任务栏　　　　　　　　　　　　B. 标题栏
    C. 工具栏　　　　　　　　　　　　D. 菜单栏
15. Windows 10 系统中查找帮助的方法中，错误的是（　　）。
    A. 在任务栏的搜索框中输入问题
    B. 打开"控制面板"中的轻松使用窗口
    C. 打开"使用技巧"应用
    D. 在"设置"中选择"获取帮助"链接
16. 在 Windows 中，要关闭当前程序窗口，可以按（　　）键。
    A. Ctrl+F4　　　　　　　　　　　B. Alt+Crtl
    C. Alt+F3　　　　　　　　　　　　D. Alt+F4
17. 要退出 Windows，正确的方法是（　　）。
    A. 关闭显示器电源
    B. 单击"关闭"按钮
    C. 直接将计算机电源关掉
    D. 从"开始"菜单中选择"电源→关机"选项
18. 用键盘方式打开窗口中菜单的方法是（　　）。
    A. 按 Ctrl+V 键　　　　　　　　　B. 按 Alt+F4 键
    C. 按 Esc 键　　　　　　　　　　　D. 按 Alt+菜单命令的字母
19. 在 Windows 环境中应用程序之间交换信息可以通过（　　）进行。
    A. 剪贴板　　　　　　　　　　　　B. "此电脑"图标
    C. 任务栏　　　　　　　　　　　　D. 系统工具
20. 使用（　　）组合键可以显示出 Windows 10 中可进行视窗切换的任务视窗效果。
    A. Alt+Tab　　　　　　　　　　　B. Windows 徽标键+Alt

C. Ctrl+Alt　　　　　　　　　D. Windows 徽标键+Ctrl

21. 在 Windows 中，设置计算机硬件配置的程序是（　　）。
    A. Word　　　　　　　　　　B. 控制面板
    C. 资源管理器　　　　　　　D. Excel

22. 在 Windows 中，关于设置屏幕保护作用，说法不正确的是（　　）。
    A. 为了节省计算机内存
    B. 屏幕上出现活动的图案或暗色的背景可以保护显示器
    C. 通过设置口令来保障系统安全
    D. 可以减少屏幕的损耗和提高趣味性

23. 在控制面板中，不可以进行的操作是（　　）。
    A. 创建用户和密码　　　　　B. 添加/删除程序
    C. 查找一个文件或文件夹　　D. 设置键盘属性

24. 显示计算机上安装的 Windows 版本号的方法之一是（　　）。
    A. 右击桌面"此电脑"图标，在弹出的快捷菜单中选择"属性"命令
    B. 右击桌面空白处，在弹出的快捷菜单中选择"属性"命令
    C. 右击任务栏，在弹出的快捷菜单中选择"属性"命令
    D. 右击桌面"开始"按钮，在弹出的快捷菜单中选择"属性"命令

25. 在 Windows 10 "个性化"窗口中不能设置（　　）。
    A. 桌面背景　　　　　　　　B. 小工具
    C. 窗口颜色和外观　　　　　D. 屏幕保护程序

26. 关于 Windows 显示器分辨率正确的说法是（　　）。
    A. 分辨率越高，显示内容就越细腻
    B. 分辨率越低，屏幕中的像素点多
    C. 屏幕中的像素点多少不影响显示内容效果
    D. 屏幕中的像素点越少，显示内容就越细腻

27. （　　）不是 Windows 10 中用户账户类型。
    A. 管理员账户　　　　　　　B. 标准账户
    C. 来宾账户　　　　　　　　D. 试用账户

28. 关于添加或删除程序的不正确做法是（　　）。
    A. 要删除应用程序，可通过该程序所在的文件夹中的 Remove.exe 或 Uninstall.exe 卸载程序
    B. 要删除应用程序，可直接打开文件夹进行删除
    C. 要添加应用程序，可直接运行程序文件夹（或光盘）中的 Setup.exe 或 Install.exe 文件
    D. 要添加应用程序，在 CD-ROM 或 DVD-ROM 中插入自动运行安装程序的光盘进行安装

29. 含有（　　）属性的文件不能修改。
    A. 隐藏　　　　　　　　　　B. 系统
    C. 存档　　　　　　　　　　D. 只读

30. 下面关于 Windows 文件名的命名的说法中不正确的是（　　）。
    A. 文件名中允许使用汉字　　B. 文件名中允许使用空格

C. 文件名中允许使用问号"?"   D. 文件名中允许使用多个圆点分隔符

31. 在 Windows 操作系统中，文件名和扩展名中允许使用的通配符有（　　　）。

     A. !或+   B. &或%

     C. #或@   D. *或?

32. 在 Windows"资源管理器"的操作中，关于剪切和删除的含义，可以理解为（　　　）。

     A. 剪切是将文件或文件夹送到回收站

     B. 剪切是将文件放到剪贴板上，删除是将文件送到回收站

     C. 剪切就是删除

     D. 删除是将文件或文件夹放到剪贴板上

33. 在回收站里对选定的文件对象执行删除操作，那么该选定文件（　　　）。

     A. 仍然存在于计算机系统中   B. 可以被恢复

     C. 不能恢复   D. 可以找回

34. 利用资源管理器窗口"查看"菜单中的"详细信息"命令，可了解文件的（　　　）等信息。

     A. 名称、大小、类型、最后修改日期和时间

     B. 名称、大小、类型

     C. 名称、大小

     D. 主文件名和扩展名

35. 按住鼠标左键在同一驱动器不同文件夹内拖动某一对象，结果（　　　）。

     A. 无任何结果   B. 移动该对象

     C. 复制该对象   D. 删除该对象

36. 从文件列表中同时选择多个不相邻文件的正确操作是（　　　）。

     A. 按住 Ctrl+Shift 组合键，用鼠标单击每一个文件名

     B. 按住 Alt 键，用鼠标单击每一个文件名

     C. 按住 Ctrl 键，用鼠标单击每一个文件名

     D. 按住 Shift 键，用鼠标单击每一个文件名

37. 当选定文件或文件夹后，不将文件或文件夹放到回收站中，而直接删除的操作是（　　　）。

     A. 按 Shift+Delete 组合键

     B. 按 Delete 键

     C. 用鼠标直接将文件或文件夹拖放到回收站中

     D. 在"此电脑"或"资源管理器"窗口中的"快速访问工具栏"中选择"删除"命令

38. 在操作系统中，文件管理的主要作用是（　　　）。

     A. 实现文件的高速输入输出   B. 实现对文件按内容存取

     C. 实现按文件属性存取   D. 实现对文件按名存取

39. Windows 自带的"画图"程序的用途是（　　　）。

     A. 制作幻灯片   B. 文字编辑

     C. Windows 自带的一个游戏   D. 绘制一些简单的图形

40. 下列操作中，可以在中文输入法与英文输入法间切换的操作是按（　　　）。

     A. Alt+Ctrl 组合键   B. Shift+Ctrl 组合键

C.　Ctrl+Space 组合键　　　　　　　　D.　Shift+Space 组合键

41.　在 Windows 中，按（　　　）组合键可以实现中文输入法之间的切换。

A.　Alt+Space
B.　Ctrl+Space

C.　Shift+Space
D.　Ctrl+Shift

42.　在中文 Windows 操作系统中，为了实现全角与半角状态之间的切换，应按的组合键是（　　　）。

A.　Shift+Ctrl
B.　Shift+Space

C.　Ctrl+Space
D.　Ctrl+F9

43.　Windows 10 "附件"中提供的"计算器"程序有（　　　）种类型。

A.　1
B.　2

C.　3
D.　4

44.　"画图"程序绘制的图画文件，在保存时按默认的（　　　）格式的图形文件。

A.　JPG
B.　BMP

C.　PNG
D.　GIF

45.　在 Windows 10 操作系统中，磁盘维护包括磁盘检查、磁盘清理、磁盘碎片整理等功能，磁盘清理的目的是（　　　）。

A.　获得更多的磁盘可用空间
B.　优化磁盘文件存储

C.　改善磁盘的清洁度
D.　提高磁盘存储速度

46.　（　　　）主要用于检查磁盘中文件及文件夹的数据错误以及磁盘的物理介质错误。

A.　压缩工具
B.　磁盘碎片整理程序

C.　磁盘检查程序
D.　备份工具

47.　使用（　　　），可以使每个文件存放在相邻位置，大大节省磁盘访问时间。

A.　压缩工具
B.　磁盘碎片整理程序

C.　磁盘扫描程序
D.　备份工具

48.　磁盘格式化操作将（　　　）。

A.　删除磁盘上的原有的信息
B.　压缩磁盘上的原有的信息

C.　整理磁盘上的原有的信息
D.　隐藏磁盘上的原有的信息

49.　有关磁盘分区的正确说法是（　　　）。

A.　在 Windows 10 中以管理员身份登录后可管理磁盘分区

B.　在 Windows 10 中以任一身份登录都可管理磁盘分区

C.　在 Windows 10 中以来宾账户身份登录可管理磁盘分区

D.　不能在 Windows 10 中管理磁盘分区

50.　有关磁盘清理的不正确说法是（　　　）。

A.　在磁盘的"属性"对话框中单击"磁盘清理"按钮，在弹出的对话框中选择要进行清理的文件以及文件类型

B.　利用"磁盘清理"程序可以帮助用户删除临时垃圾文件

C.　"磁盘清理"程序对选择的磁盘分区清理后将提高系统的运行速度

D.　磁盘清理后磁盘上的所有文件将被清除

2.3.2 填空题

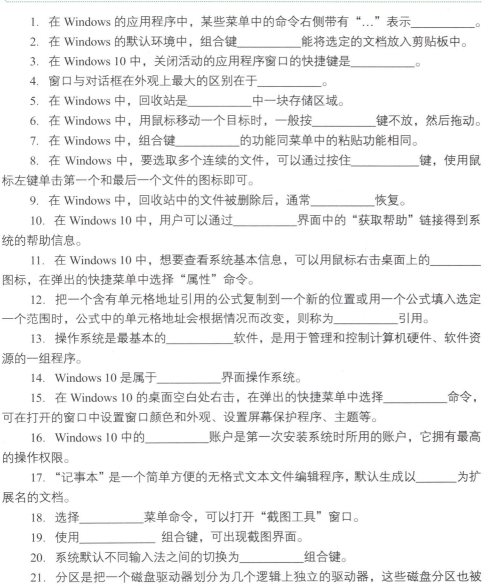

第 2 章
填空题及参考答案

1. 在 Windows 的应用程序中，某些菜单中的命令右侧带有 "…" 表示_____。

2. 在 Windows 的默认环境中，组合键_____能将选定的文档放入剪贴板中。

3. 在 Windows 10 中，关闭活动的应用程序窗口的快捷键是_____。

4. 窗口与对话框在外观上最大的区别在于_____。

5. 在 Windows 中，回收站是_____中一块存储区域。

6. 在 Windows 中，用鼠标移动一个目标时，一般按_____键不放，然后拖动。

7. 在 Windows 中，组合键_____的功能同菜单中的粘贴功能相同。

8. 在 Windows 中，要选取多个连续的文件，可以通过按住_____键，使用鼠标左键单击第一个和最后一个文件的图标即可。

9. 在 Windows 中，回收站中的文件被删除后，通常_____恢复。

10. 在 Windows 10 中，用户可以通过_____界面中的 "获取帮助" 链接得到系统的帮助信息。

11. 在 Windows 10 中，想要查看系统基本信息，可以用鼠标右击桌面上的_____图标，在弹出的快捷菜单中选择 "属性" 命令。

12. 把一个含有单元格地址引用的公式复制到一个新的位置或用一个公式填入选定一个范围时，公式中的单元格地址会根据情况而改变，则称为_____引用。

13. 操作系统是最基本的_____软件，是用于管理和控制计算机硬件、软件资源的一组程序。

14. Windows 10 是属于_____界面操作系统。

15. 在 Windows 10 的桌面空白处右击，在弹出的快捷菜单中选择_____命令，可在打开的窗口中设置窗口颜色和外观、设置屏幕保护程序、主题等。

16. Windows 10 中的_____账户是第一次安装系统时所用的账户，它拥有最高的操作权限。

17. "记事本" 是一个简单方便的无格式文本文件编辑程序，默认生成以_____为扩展名的文档。

18. 选择_____菜单命令，可以打开 "截图工具" 窗口。

19. 使用_____ 组合键，可出现截图界面。

20. 系统默认不同输入法之间的切换为_____组合键。

21. 分区是把一个磁盘驱动器划分为几个逻辑上独立的驱动器，这些磁盘分区也被称为_____。

2.3.3 综合应用

【实验目的】

① 掌握 "控制面板" 的使用、桌面设置、快捷方式的创建、任务栏设置等。

② 掌握文件和文件夹的新建、复制、移动、删除、重命名、查找和查看方式设置的操作方法。

③ 掌握文件属性的设置。

④ 掌握 Windows 10 中常用的 Windows 附件使用方法。

【实验内容和步骤】

① 美化桌面：选择某一图片设置为桌面背景，背景选择"幻灯片放映"选择契合度为"填充"；设置屏幕保护程序为"变幻线"，等待时间为"10 分钟"。

② 打开"此电脑"窗口，选中某程序并将其固定到任务栏；并设置在桌面模式下自动隐藏任务栏。

③ 在 D:\Try 下新建文件夹，命名为"综合应用"，在此文件夹下新建 5 个文件夹，分别以 Windows、Word、Excel、PPT、Page 命名。

④ 在 C:\Windows\System32 中查找 mspaint.exe 文件，在桌面建立其快捷方式，快捷方式名为"画图工具"；通过建好画图工具的快捷方式，启动画图应用程序，利用功能区中"主页"选项卡的各工具，试制作一幅"请到天涯海角来"图片，将图片文件以"请到天涯海角来.png"命名并保存在 D:\Try\综合应用\Windows 中，并设置该文件属性为只读。

⑤ 在 C 盘的 Windows 文件夹中查找以 S 开头的文本文件，选取 2 个大小为 5 KB 以下的文本文件，复制到 D:\Try \综合应用\Windows 中。

⑥ 删除 D:\Try\综合应用\Windows 中修改时间最早的文本文件，给另两个文件分别重命名为 test1 和 test2，将 test1 文件移至 D:\Try\综合应用。

⑦ 用记事本打开 test1 文本文件，删除所有文字内容，重新输入"本文件夹用于综合应用实验结果存档"。

⑧ 使用 Windows 10 附件中的便笺工具，在桌面显示提醒信息："周二下午三点参加学术讲座"，调整便笺至合适大小。

第 3 章　Word 文字处理

3.1　训练目标

① 了解 Word 文字处理软件的基本功能及 Word 2016 的新增功能；掌握 Word 文档的新建、打开、关闭、保存、打印预览和打印等基本操作；掌握文档视图的概念、Word 中 5 种视图及其作用和区别；了解文档显示控制操作，如显示比例调整、窗口拆分、非打印字符的显示与隐藏和网格线的显示与隐藏等。

② 掌握 Word 中字符输入、选取及编辑操作；掌握中英文字符和特殊字符的输入；掌握使用键盘或鼠标进行快速选取、列方式选取和多区域选取文本的方法；掌握文本复制、移动、删除和选择性粘贴方法，掌握撤销和恢复操作，能够利用导航窗格和 "查找和替换" 对话框进行字符的查找和替换。

③ 掌握字符设置方法，包括字体、字号、加粗、斜体、字体颜色、下画线等字符基本格式以及字符间距、文本效果、字符边框和底纹、中文版式、简繁转换、文字方向等其他字符格式的设置；掌握段落设置方法，包括段落对齐、缩进、行距、段间距等段落基本格式以及首字下沉、项目符号和编号、分栏等其他段落格式设置；理解样式的概念和功能，掌握样式的应用和自定义样式的创建、修改和删除方法；掌握格式刷的使用方法；掌握页边距、纸张方向、纸张大小等基本页面设置的方法；掌握页眉、页脚、页码的添加方法；掌握分页符、分节符的概念和插入方法；掌握脚注和尾注的添加方法。

④ 掌握表格的创建方法，包括规则表格和不规则表格；了解文本转换成表格的方法；掌握表格的基本编辑方法，包括表格对象的选取，行、列或单元格的插入和删除，行高和列宽的设置，合并和拆分单元格，表格属性设置；掌握表格格式化的基本方法，包括表格中数据的字体、字号、字形、颜色等的设置，表格和表格中内容的对齐，表格边框和底纹设置，表格自动套用格式的使用；了解表格中数据的计算、排序方法；了解利用表格数据生成图表的方法。

⑤ 掌握图片、形状、SmartArt 图形、图表、屏幕截图、文本框、艺术字、公式的插入方法；掌握图片的选取、移动、复制和删除方法；掌握图片裁剪、删除背景、调整大小、图片旋转、图片边框和填充、图片样式、色彩和光线、艺术效果等图片美化方法；掌握文字环绕方式、图片叠放次序、图片组合和取消组合等图文混排的设置方法；掌握文档水印的设置方法。

⑥ 理解模板的概念，了解模板的使用方法和创建自定义模板；了解 Word 文档的密码设置方法，了解 Word 文档限制编辑的设置方法；掌握 Word 文档目录的插入方法；了

解邮件合并的功能和基本方法。

3.2　上机实验

3.2.1　Word 基本操作

实验素材 3-2-1
Word 基本操作

【实验目的】

① 掌握 Word 的启动和退出；认识 Word 窗口的组成，掌握 Word 窗口的基本操作。

② 掌握 Word 文档的创建、打开、保存、打印、预览、视图切换、关闭等操作。

【实验内容和步骤】

1．Word 窗口操作

（1）启动 Word 文字处理软件。

（2）使用多种方法退出 Word 软件。

实验视频 3-2-1
Word 基本操作 1

（3）认识 Word 窗口组成，对文档窗口进行以下操作：

① 观察应用程序标题和文档标题，查看各选项卡及其功能区。

② 调整文档窗口的大小，分别将文档窗口最小化、最大化和关闭。

③ 将功能区最小化和显示。

（4）打开一个 Word 文档，切换各种视图显示模式，观察在"阅读视图""页面视图"和"大纲视图"3 种不同视图下文档的显示有何不同。

（5）设置快速启动工具栏，将"新建"命令添加到快速启动工具栏中。

（6）将文档的显示比例调整为 150%。

实验视频 3-2-1
Word 基本操作 2

（7）设置在窗口中保留"标尺"和"段落标记"的显示。

📖【提示】

可在"视图"选项卡"显示"选项组中选中"标尺"复选框来选择是否显示标尺；也可选择"文件"选项卡，选择左侧窗格中"选项"选项，在打开的"Word 选项"对话框中的"显示"选项卡中进行相应选择。

实验结果 3-2-1
Word 基本操作

2．Word 文档操作

① 使用 Word 应用程序输入如下文字，以 W311.docx 为文件名保存在 D:\Try 中。

> 海南自由贸易港是按照中央部署，在海南全岛建设自由贸易试验区和中国特色自由贸易港，是党中央着眼于国际国内发展大局，深入研究、统筹考虑、科学谋划做出的重大决策。

② 打开 D: \Word 中的 Word1.docx 文件，删除第 1 段，预览该文档的打印效果，并以 W312.docx 为文件名保存在 D:\Try 目录中。

③ 关闭所有文档窗口，关闭 Word 应用程序窗口（要求掌握多种方法）。

📖【提示】

上机实验大部分操作的文件结果，有与之同名的样文保存在 D:\PCResult 中，供读者参考。

3.2.2 Word 编辑操作

实验素材 3-2-2
Word 编辑操作

【实验目的】

① 掌握文本的输入、选取、移动、复制、删除、查找和替换操作。

② 掌握撤销、恢复等操作。

【实验内容和步骤】

① 打开 D:\ Word\Word1.docx 文档，在文档开头输入标题"海南自由贸易港"。

② 将正文的第 1 段和第 2 段内容对调。

实验视频 3-2-2
Word 编辑操作

③ 使用"查找和替换"功能将正文中所有的"自由贸易港"更改为 Arial 字体、蓝色、加波浪线的"Free trade port"。

④ 将正文的最后一段分别以文本和图片的形式复制到文档末尾。

⑤ 将修改后的文档以 W321.docx 为文件名保存于 D:\Try 中。

实验结果 3-2-2
Word 编辑操作

⑥ 打开 D:\Word 目录中的 Word2.docx、Word3.docx 和 Word4.docx 文档，将 Word2.docx 文档正文的前两段和 Word4.docx 文档正文的后两段分别复制到 Word3.docx 文档正文的开头和末尾，并以 W322.docx 文件名保存于 D:\Try 中。

【思考】

当前的 Word 文档是哪一个？如何切换当前文档？

3.2.3 Word 排版操作

【实验目的】

① 掌握文档的字符与段落的格式化、分栏、首字下沉、项目符号和编号的使用。

② 掌握文档的页面设置、页眉和页脚及页码设置、分页设置。

实验素材 3-2-3
Word 排版操作

【实验内容和步骤】

（1）打开 D:\Word 目录下的 Word5.docx 文件，进行如下格式化设置。

① 页面设置：将纸张大小设置为 A4 纸，纵向，上、下、左、右的页边距均为 3 cm。

② 页码设置：将页码置于页面底端的中间。

③ 页眉设置：输入页眉"朱自清散文选集"，设置为字体为五号、楷体，居中对齐。

实验视频 3-2-3
Word 排版操作

④ 文章第 1 行内容为标题，标题"荷塘月色"设置为隶书、绿色、二号、加粗、居中，加上 0.75 磅粗的紫色双波浪线边框，段前间距 1 行、段后间距 0.5 行，字间距加宽 2 磅。

实验结果 3-2-3
Word 排版操作

⑤ 标题以外的正文部分进行如下设置：幼圆、五号、两端对齐、首行缩进 2 个字符、段前间距 0.5 行、段后间距 0.5 行、15 磅行距。

⑥ 将正文中第 4 段首字下沉 2 行，分两栏。

【提示】

在同一段内同时进行首字下沉和分栏的操作，如果先进行首字下沉，后分栏，不能将下沉的首字选中，否则分栏命令将不能操作；建议先分栏，后进行首字下沉操作。

⑦ 将正文中第 2 段设为绿色 15%底纹，加黄色双线边框。

实验素材 3-2-4
Word 表格操作

实验视频 3-2-4
Word 表格操作 1

实验视频 3-2-4
Word 表格操作 2

实验视频 3-2-4
Word 表格操作 3

实验结果 3-2-4
Word 表格操作

⑧ 替换：将全文中除标题之外的"荷塘"一词替换为红色、单下画线格式。

📖【提示】

在"查找和替换"对话框中输入查找内容与替换内容文字相同，但替换内容需在"更多"界面中单击"格式"按钮，在弹出的菜单中选择"字体"菜单设置文字为红色、单下画线字体格式。

（2）新建名为"自定义样式 1"的样式，格式为楷体、四号、红色，并将该样式应用到正文最后一段。

（3）为正文中《西洲曲》的四句诗添加拼音指南。

（4）在正文最后添加文字："朱自清散文选集：背影、匆匆、荷塘月色"，格式为四号、隶书，添加项目符号。

（5）从正文第 5 段的开始处进行人工分页。

（6）将文件保存在 D:\Try 目录中，文件名为 W331.docx。

3.2.4　Word 表格操作

【实验目的】

① 熟练掌握表格的建立、内容输入、编辑和格式设置。

② 了解由表格生成图表的方法。

【实验内容和步骤】

1. 创建表格，并按如下要求设置其格式，设置效果见表 3.1

表 3.1　我的日程安排表

时间 ＼ 星期	一	二	三	四	五
7:00—7:45	晨　读				
8:00—8:40	高等数学	自习	C++语言	高等数学	大学英语
8:50—9:30					
9:40—10:20		政治	自习	自习	体育
10:30—11:10	体育				
11:20—12:00					
	午　休				
15:00—15:40	大学英语	数据库	数据库	政治	C++语言
15:50—16:30					
16:40—17:20					
19:00—22:00	自习	社团活动	自习	自习	家教

① 调整各行高、列宽至理想宽度。

② 设置"晨读"和"午休"的字符间距为加宽 8 磅。

③ 除斜线表头单元格外，所有单元格内容居中对齐；表格第 1 行设置为粗体、红色。

④ 边框和底纹设置见表 3.1。

⑤ 将编辑后的表格以 W341.docx 为文件名保存在 D:\Try 目录中。

2．创建表 3.2，结果保存于 D:\Try\W342.docx 文件中

表 3.2　某公司商品销售情况表　　　　　　　（单位：万元）

某公司商品销售情况表												
	一季度			二季度			三季度			四季度			总计
	一月	二月	三月	四月	五月	六月	七月	八月	九月	十月	十一	十二	
日用品	10	12	15	14	18	10	15	12	16	13			
食品	20	30	22	25	23	20	26	20	25	25			
电器	40	30	35	50	30	34	27	38	29	25			

【提示】

可以使用多种表格创建方法完成。

3．在 D:\Try 中创建文档 W343.docx，制作表 3.3

表 3.3　成　绩　表

姓名	数学	语文	英语	计算机
陈平	80	61	65	90
吴海	68	78	98	85
林森	62	88	60	85
邢霞	60	89	80	67
李丽	90	87	71	60

① 对表格设置表格内置样式为网格表 5 深色-着色 5。

② 表格和标题居中对齐，标题设置为四号、黑体、加粗、橙色，个性色，深色 25%。

③ 根据表格的前 3 行数据生成图表，效果如图 3.1 所示。

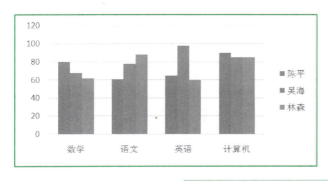

图 3.1
图表效果图

3.2.5　Word 图形操作

实验素材 3-2-5
Word 图形操作

【实验目的】

① 掌握在 Word 文档中插入图片、编辑图片和美化图片的基本方法。

② 掌握绘制简单图形、艺术字编辑、文本框的使用和公式的插入。

③ 掌握图文混排的方法。

【实验内容和步骤】

打开 D: \Word 目录下的 Word4.docx 文件，按以下要求完成操作。

（1）按如下要求格式化打开的文档。

① 标题设置：黑体、小二、加粗、居中、单下画线。

② 正文设置：宋体、小四、左对齐、蓝色、首行缩进 2 字符、段前段后间距分别为 6 磅和 3 磅、1.5 倍行距。

实验视频 3-2-5
Word 图形操作

（2）在文档第 1 段中插入一张联机图片，要求为：文字四周型环绕、中间居中；设置 0.75 磅线型，图片高度和宽度分别为 4.5 cm、3.5 cm。

实验结果 3-2-5
Word 图形操作

【提示】

设置图片的高度和宽度时，需先取消选中“布局”对话框“大小”选项卡中的“锁定纵横比”复选框。

（3）在文档中插入如图 3.2 所示的公式。

$$\Gamma\left(\frac{n}{2}\right)=\int_0^{\infty} t^{\frac{n}{2}-1} e^{-t}\, dt$$

图 3.2
插入公式效果图

（4）在文档中插入如图 3.3 所示的 SmartArt 图形。

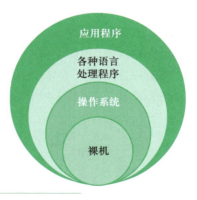

图 3.3
SmartArt 图形效果图

（5）在文档底部插入横排文本框和竖排文本框，并输入任意文字。

（6）将编辑后的内容以 W351.docx 为文件名保存在 D:\Try 目录中。

3.2.6　Word 高级功能

【实验目的】

掌握样式的基本操作、目录的生成、了解文档保护和邮件合并的基本操作。

【实验内容和步骤】

（1）打开 D: \Word 目录中的 Word61.docx 文档，按如下要求进行格式化。

① 标题设置：黑体、三号、加粗、居中、段前间距 12 磅、段后间距 9 磅。

② 正文的第 1 段设置为宋体、小四、蓝色、左对齐、首行缩进 2 字符、段前间距 1 行、段后间距 1 行、15 磅行距。

（2）依照正文第 1 段建立新样式，样式名称为 SS。

（3）将样式 SS 应用于正文第 2 段～第 4 段。

（4）查看第 5 段文档所使用的 YS 样式的所有格式（即样式内容）；并对 YS 样式进行修改：取消着重号，设置单删除线、字体颜色为红色。

（5）将修改后的样式 YS 应用于第 5 段。

（6）设置打开文档的密码，密码为 12324。

（7）将文档保存在 D:\Try 文件夹中，文件名为 W361.docx。

（8）打开 D:\Word 目录中 Word62.docx 文档，在文档起始位置生成三级目录，并在正文开始处插入自动分页。将文档保存在 D:\Try 目录中，文件名为 W362.docx。

（9）邮件合并：以 D:\ Word 文件夹中的 Word63.docx 为主文档、考生名单.xlsx 的"名单"工作表中的单元区域为数据源，进行邮件合并，效果如图 3.4 所示。合并结果保存在 D:\Try 文件夹中，命名为"合并.docx"。

实验素材 3-2-6
Word 高级功能

实验视频 3-2-6
Word 高级功能

实验结果 3-2-6
Word 高级功能

2020 年度全国会计专业技术中级资格考试
准 考 证

准考证号	104131011326
考生姓名	李新
证件号码	1102231985050▨0▨▨
考试科目	中级会计实务、财务管理
考试地点	北京交通大学主校区思源西楼
考试时间	财务管理：9 月 10 日　9:00～11:30 经济法：9 月 10 日　14:00～16:30 中级会计实务：9 月 11 日　9:00～12:00
考生须知	1. 准考证正面和背面均不得额外书写任何文字，背面必须保持空白。 2. 考试开始前 20 分钟考生凭准考证和有效证件（身份证等）进入规定考场对号入座，并将准考证和有效证件放在考桌左上角，以便监考人员查验。考试开始指令发出后，考生才可开始答卷。 3. 考生在入场时除携带必要的文具外，不准携带其他物品（如：书籍、资料、笔记本和自备草稿纸以及具有收录、储存、记忆功能的电子工具等）。已携带入场的应按指定位置存放。

图 3.4
合并文件格式

3.2.7 Word 综合训练

【实验目的】

熟练掌握 Word 文档基本操作、编辑操作、排版操作、表格操作、图文混排以及 Word

高级功能的应用。

【实验内容和步骤】

1. 对 D:\Word\Word-A1.docx 进行操作，并以 W371.docx 为文件名保存在 D:\Try 中

（1）页面设置：纸张大小为 A4，上、下、左、右的页边距均为 3.5 厘米。

（2）在正文第 1 段"钟南山……共同攻克 SARS 难关。"前添加标题文字"医学专家钟南山"。

① 标题设置：隶书、二号、红色、居中。

② 设置标题段落的边框为阴影、实线、蓝色、1 磅，底纹填充色为黄色。

（3）设置页眉文字为"一身精诚铸风骨"，所有页的页脚设置为"页#"，居中对齐。

（4）为第 1 段"钟南山"加脚注"中国工程院院士，医学专家。"。

（5）设置正文第 3 段"世界卫生组织……都是宝贵的财富。"首字下沉为 2 行，字体为楷体，其余各段设置首行缩进为 21 磅。

（6）设置正文第 11 段"本书执笔者魏东海博士……亲自审读了书稿。"分栏为 3 栏，栏宽相等，栏间添加分隔线。

（7）在正文第 1 段"钟南山……共同攻克 SARS 难关。"中间插入 D:\ Word 文件夹中的图片"钟南山.jpg"。

① 设置图片的高度为 4.3 厘米，宽度为 7.17 厘米。

② 设置图片的环绕方式为"四周型"。

（8）在文档末尾插入如图 3.5 所示的表格。

输入内容　　含义	排版结果	
	横排	竖排
PY	右边串文	下边串文
PZ	左边串文	上边串文
BP	通栏宽	通栏高
默认	左右串文	上下串文

图 3.5
表格效果图

2. 对 D:\Word\Word-A2.docx 进行操作，并以 W372.docx 为文件名保存在 D:\Try 中

① 设置页面上、下页边距为 2 厘米，左、右页边距为 2.5 厘米。

② 插入艺术字，内容为"好人就像右手"，字号为小初，样式为第 1 行第 3 列（填充：橙色，主题色 2；边框：橙色，主题色 2），文字效果为转换中的"三角：正"。设置艺术字环绕方式为四周型，放置在第 1 段中间位置。

③ 设置正文所有段落字体为宋体、小四，首行缩进为 2 字符，段后间距为 0.5 行，行距为 1.25 倍行距。

④ 设置页面边框为艺术型中的"苹果"。

⑤ 将正文第 2 段的文字"好人是世界的根……做人就做好人。"移动到文档最后，

作为最后一段。设置段落底纹为“白色，背景 1，深色 25%”，并添加 0.5 磅双线型的边框线。

⑥ 设置第 1 段首字下沉 3 行，第 2 段分 3 栏排版，栏宽相等，加分隔线。

⑦ 在文档末尾插入如图 3.6 所示表格。

资金支出单					
		年 月 日		第	号
领款部门		部门意见			
支出项目					
支出金额	人民币（大写）		¥		
财务主管批示		领款人签字			
会计主管签字		出纳签字		对方科目	

图 3.6
资金支出单效果图

3. 对 D:\Word\Word-A3.docx 进行操作，并以 W373.docx 为文件名保存在 D:\Try 中

① 将当前文档设置为蓝底白字。将正文各段的行间距设置为 1.5 倍行距。首行缩进 2 字符。

② 为当前文档插入页码。要求：页码位于页面顶端（页眉）居中，格式为～1～、～2～……（其他选项为默认值）。为第 3 段设置深蓝色的三维边框，宽度为 1.5 磅，应用于文字。

③ 将全文中的所有“系统”（除标题外）设置为粗体、红色。第 2 段设置为 10%的绿色底纹色。

④ 将文章字体设置为四号。设置标题为艺术字（形式自选），大小为 20 磅。将页的上边距设置为 3.85 厘米，下边距设置为 2.55 厘米。

⑤ 在文档末尾插入如图 3.7 所示的表格。

杂志订阅申请表

订阅者单位		订购者姓名	
地址		邮政编码	
电话		传真	
杂志名称			份数
金额（大写）：			

图 3.7
杂志订阅申请表效果图

4. 对 D:\Word\Word-A4.docx 进行操作，并以 W374.docx 为文件名保存在 D:\Try 中

① 在文档结尾处插入一文本框，将正文第 2 段的内容复制到其中，并设置文本框边框为红色虚线、阴影。

② 对标题“探索宇宙的奥秘”设置艺术字：艺术字样式选择“渐变填充：金色，主题色 4；边框：金色，主题色 4”，文本效果为“转换”中的“拱形”。

③ 正文设置为小四、楷体、蓝色、段前间距 1 行、首行缩进 2 个字符；第 4 段分两栏，偏右。

④ 在文本的中间插入图片 D:\Word\moon.jpg，设置图片样式为“旋转，白色”，环绕方式为“穿越型环绕”。

⑤ 在文档的第 2 页制作表格，如图 3.8 所示。

借　　款　　单			
借款理由		借款时间	年　月　日
借款部门			
借款数额	人民币（大写）		¥：
部门经理签字：		借款人签字：	
财务主管经理批示：		出纳签字：	
付款记录：	年　月　日以现金/支票（号码：　　）给付		

图 3.8
借款单效果图

5. 对 D:\Word\Word-A5.docx 进行操作，并以 W375.docx 为文件名保存在 D:\Try 中

① 将标题段“可怕的无声环境”设置为三号、红色、仿宋、加粗、居中、段后间距设置为 12 磅。

② 给全文中所有“环境”一词添加下画线（波浪线）；将正文各段文字“科学家曾做过……身心健康”设置为小四、宋体；各段落左右各缩进 0.4 厘米；首行缩进 0.8 厘米。

③ 将正文第 1 段“科学家曾做过……逐渐走向死亡的陷阱。”分为等宽两栏，栏宽 6.8 厘米，栏间加分隔线。

④ 设置页眉“可怕的无声环境”，靠右对齐。

⑤ 在文档的末尾制作表格，如图 3.9 所示。

字根键盘对应表

	1位	2位	3位	4位	5位
1区（横笔区）	G	F	D	S	A
2区（竖笔区）	H	J	K	L	M
3区（撇笔区）	T	R	E	W	Q
4区（捺笔区）	Y	U	I	O	P
5区（折笔区）	N	B	V	C	X

图 3.9
字根键盘对应表效果图

3.3　课外训练

3.3.1　选择题

第 3 章
选择题及参考答案

1. 中文 Word 2016 是（　　）。
   A. 文字处理软件　　B. 系统软件
   C. 硬件　　D. 操作系统
2. Word 窗口右下角的“+”“–”按钮的作用是（　　）。
   A. 缩放图片　　B. 调整显示比例
   C. 增大和缩小字号　　D. 增大和缩小行距
3. Word 的主要功能有（　　）。
   A. 文本处理　　B. 表格处理
   C. 绘制图形　　D. 以上 3 项都是
4. Word 2016 默认的文件扩展名是（　　）。
   A. docx　　B. exe
   C. bat　　D. xlsx

5. Word 窗口的 "文件" 选项卡中 "开始" 选项显示 "最近" 下方的文件名是（　　　）。

  A.　当前已经打开的所有文件　　　　　B.　最近被操作过的文件

  C.　将要被操作的文件　　　　　　　　D.　扩展名是 docx 的所有文件

6. Word 窗口主要由（　　　）组成。

  A.　标题栏、菜单栏、工具栏和状态栏

  B.　标题栏、功能区、工作区和状态栏

  C.　标题栏、菜单栏、工具栏、编辑栏和状态栏

  D.　编辑栏、光标、标题栏、段落结束符

7. 对 Word 快速访问工具栏实施操作，不正确的叙述是（　　　）。

  A.　可以将其放置在功能区下方　　　　B.　可以任意添加工具栏按钮

  C.　不能添加已有的按钮　　　　　　　D.　自定义的工具栏可应用于所有文档

8. 如果希望使用 Word 2016 版本创建的文档能够在 Word 2003 版本中读出，可以采用（　　　）格式保存文档。

  A.　bmp　　　　　　　　　　　　　　B.　doc

  C.　docx　　　　　　　　　　　　　　D.　wps

9. 使用 Word 时，当同时打开多个 Word 文档后，在同一时刻有（　　　）个是当前文档。

  A.　9　　　　　　　　　　　　　　　　B.　4

  C.　1　　　　　　　　　　　　　　　　D.　2

10. 在 Word 中，如显示、打印及保存等默认设置的改变可以通过选择（　　　）来实现。

  A.　"文件"选项卡，选择"选项"选项

  B.　"布局"选项卡，单击"页面设置"按钮

  C.　"视图"选项卡，单击"显示"按钮

  D.　"开始"选项卡，单击"编辑"按钮

11. 在 Word 状态栏的右边有 3 个视图按钮，从左到右依次是（　　　）。

  A.　大纲视图、页面视图和阅读视图

  B.　阅读视图、页面视图和 Web 版式视图

  C.　Web 版式视图、页面视图和阅读视图

  D.　页面视图、大纲视图和阅读视图

12. 下列选项中不能用于启动 Word 的操作是（　　　）。

  A.　单击任务栏中的 Word 快捷方式图标

  B.　双击 Windows 桌面上的 Word 快捷方式图标

  C.　选择"开始→Word"菜单命令

  D.　单击 Windows 桌面上的 Word 快捷方式图标

13. Word 把格式化分为（　　　）3 类。

  A.　字符、段落和句子格式化

  B.　字符、句子和页面格式化

  C.　句子、页面格式和段落格式化

  D.　字符、段落和页面格式化

14. 在 Word 的编辑状态，按先后顺序依次打开了 d1.docx、d2.docx、d3.docx 和

d4.docx 4 个文档，当前的活动窗口是（　　　）。

    A．d3.docx 的窗口   B．d1.docx 的窗口

    C．d2.docx 的窗口   D．d4.docx 的窗口

15．在 Word 中，进行"保存"操作，可使用（　　　）快捷键。

    A．Ctrl+S   B．Ctrl+C

    C．Ctrl+F   D．Ctrl+T

16．Word 的输入操作有（　　　）两种状态。

    A．插入和改写   B．就绪和输入

    C．插入和删除   D．改写和复制

17．Word 可以同时打开多个文档窗口，但是，文档窗口打开的越多，系统运行速度会（　　　）。

    A．不受影响   B．越快

    C．越慢   D．不稳定

18．在 Word 中，（　　　）主要用于更正文档中出现频率较多的字和词。

    A．查找和替换   B．查找

    C．复制和粘贴   D．删除文本

19．在 Word 中，文本被剪切后暂时保存在（　　　）中。

    A．剪贴板   B．临时文档

    C．自己新建的文档   D．内存

20．将文档中的一部分内容复制到别处，最后一个步骤是（　　　）。

    A．剪切   B．重新定位插入点

    C．粘贴   D．复制

21．在 Word 中，将一个修改好的 Word 文档保存在其他文件夹下，正确的操作是（　　　）。

    A．在"文件"选项卡中选择"另存为"选项

    B．单击快速访问工具栏中的"保存"按钮

    C．在"文件"选项卡中选择"保存"选项

    D．必须先关闭此文档，然后进行复制操作

22．在 Word 中，当鼠标指针位于（　　　）时，将变形为指向右上方的箭头。

    A．状态行   B．文本区

    C．左边的文本选择区   D．任何区域

23．在 Word 中，文本选定区通常放在（　　　）。

    A．文本区上边   B．文本区右边

    C．文本区左边   D．文本区下边

24．在 Word 中，当前输入的文字被显示在（　　　）。

    A．插入点位置   B．文档的尾部

    C．鼠标指针位置   D．当前行的行尾

25．在 Word 中，对于用户的错误操作，（　　　）。

    A．不能撤销   B．只能撤销最后一次对文档的操作

    C．可以撤销用户的多次操作   D．可以撤销所有的错误操作

26. 在 Word 中，格式刷的功能是（   ）。
    A. 复制文本格式　　　　　　　　　B. 删除文本或图片
    C. 恢复上一次的操作　　　　　　　D. 给文本字符刷颜色
27. 在 Word 中，快速选择整个文档的方法是（   ）。
    A. 三击该文档左边界　　　　　　　B. 单击该文档左边界
    C. 双击该文档左边界　　　　　　　D. 单击该文档的内容
28. 在 Word 中，进行"粘贴"操作，可以直接使用的快捷键是（   ）。
    A. Ctrl+V　　　　　　　　　　　　B. Ctrl+N
    C. Ctrl+C　　　　　　　　　　　　D. Ctrl+O
29. 对 Word 文档进行页面操作应（   ）。
    A. 在"开始"选项卡中单击"字体"按钮
    B. 在"文件"选项卡中单击"打开"选项
    C. 在"布局"选项卡中单击"页面设置"按钮
    D. 在"开始"选项卡中单击"段落"按钮
30. 使用 Word "开始"选项卡不能完成的任务是（   ）。
    A. 居中正文　　　　　　　　　　　B. 改变字体
    C. 改变加粗、斜体属性　　　　　　D. 插入表格
31. 使用 Word 时，设置首字下沉可通过（   ）来完成。
    A. 在"开始"选项卡中单击"首字下沉"按钮
    B. 在"视图"选项卡中单击"首字下沉"按钮
    C. 在"布局"选项卡中单击"首字下沉"按钮
    D. 在"插入"选项卡中单击"首字下沉"按钮
32. 在 Word 的文件中加入页眉和页脚，并使奇、偶页样式不同，则必须（   ）。
    A. 在"布局"选项卡中单击"页面设置"按钮，打开"页面设置"对话框进行设置
    B. 在草稿视图中插入
    C. 在大纲视图中插入
    D. 在"插入"选项卡的"页眉和页脚"选项组中选择相应的按钮命令进行设置
33. 在 Word 中，设置字符的阴影效果，应该使用（   ）。
    A. "字体"对话框中的"文字效果"按钮
    B. "格式"工具栏中的相应按钮
    C. "字体"对话框中的"高级"选项卡
    D. "字体"选项卡中的"字体"对话框
34. 在 Word 操作中，下面关于分页符的说法正确的是（   ）。
    A. 分页符是根据页面设置情况自动产生或由用户强制划分的
    B. 按固定长度自动产生的
    C. 不能由用户设置
    D. 只能由用户强制划分的
35. 在 Word 中，为了要看到页眉和页脚的内容，在视图设置中应选择（   ）。
    A. 草稿视图　　　　　　　　　　　B. 页面视图
    C. 大纲视图　　　　　　　　　　　D. 主控文档

36. Word 中的段落是指以（　　　）结尾的一段文字。

  A. Enter 符   B. 句号

  C. 空格   D. Shift+Enter 符

37. （　　　）操作可以对 Word 文档进行人工分页。

  A. 按 Ctrl+A 组合键

  B. 按 Ctrl+Enter 组合键

  C. 选择"布局"选项卡，在功能区的"页面设置"组中单击相应按钮

  D. 按 Ctrl+Delele 组合键

38. 在 Word 系统中设置字符格式时，不能进行设置的是（　　　）。

  A. 字号   B. 行间距

  C. 字体   D. 字符颜色

39. 在 Word 中，使用格式刷操作正确的是（　　　）。

  A. 用鼠标选中模板文本，再用鼠标选中要格式化的区域，单击"格式刷"按钮即可

  B. 用格式刷选中要格式化的区域，再用鼠标选中模板文本

  C. 用鼠标选中模板文本，单击"格式刷"按钮，再用鼠标选中要格式化的区域即可

  D. 单击"格式刷"按钮，然后用鼠标选中模板文本，再用鼠标选中要格式化的区域即可

40. 在 Word 中，要使文档的标题位于页面居中位置，应将标题设置为（　　　）。

  A. 分散对齐   B. 两端对齐

  C. 居中对齐   D. 右对齐

41. 在 Word 中，要使文档各段落的第 1 行全部空出 2 个汉字位，可以对文档的各段落进行（　　　）。

  A. 左缩进   B. 首行缩进

  C. 悬挂缩进   D. 右缩进

42. 在 Word 中输入一些键盘上没有的特殊字符，正确的方法是（　　　）。

  A. 用绘图工具绘制特殊符号

  B. 无法实现

  C. 选择"插入"选项卡，在"符号"组中单击"符号"按钮

  D. 选择"开始"选项卡，在"符号"组中单击"符号"按钮

43. 在 Word 中已有页眉，再次进入页眉区只需双击（　　　）。

  A. 功能区   B. 文本区

  C. 标签区   D. 页眉页脚区

44. 在 Word 表格的单元格中输入文本时，正确的说法是（　　　）。

  A. 输入的文本满单元格时可以继续输入

  B. 输入的文本满单元格时自动换行，自动加大行高以输入更多的文本

  C. 输入的文本满单元格时就无法继续输入

  D. 输入的文本满单元格时自动换行，自动加大列宽以输入更多的文本

45. 在 Word 操作中，有关表格排序的正确的说法是（　　　）。

  A. 笔画和拼音不能作为排序的依据

　　B.　只有数字类型可以作为排序的依据

　　C.　只有日期类型可以作为排序的依据

　　D.　排序规则有升序和降序

46.　在 Word 中，以下说法正确的是（　　）。

　　A.　文本和表格不能互相转换

　　B.　可将文本转化为表格，但表格不能转换成文本

　　C.　可将表格转化为文本，但文本不能转换成表格

　　D.　文本和表格可以互相转换

47.　在表格处理中下列说法不正确的是（　　）。

　　A.　能够拆分表格，也能合并表格

　　B.　能够平均分配行高和列宽

　　C.　只能对表格中的数据进行升序排列

　　D.　能够利用公式对表格中的数据进行计算

48.　在改变 Word 表格的单元格高度时，下面正确的说法是（　　）。

　　A.　只能改变整个行高　　　　　　　B.　只能改变一个单元格的高度

　　C.　可以改变整个列的高度　　　　　D.　以上说法都不正确

49.　在 Word 中，可以使用（　　）在表格的各单元格中移动光标。

　　A.　Tab 键　　　　　　　　　　　　B.　Space 键

　　C.　Enter 键　　　　　　　　　　　D.　Backspace 键

50.　Word 中对文档的每一页制作图片水印是通过选择（　　）按钮来实现的。

　　A.　"布局"选项卡，在"页面背景"组中单击"水印"

　　B.　"设计"选项卡，在"页面背景"组中单击"水印"

　　C.　"插入"选项卡，在"页眉和页脚"组中单击相应

　　D.　"插入"选项卡，在"插图"组中单击"图片"

51.　关于 Word 的文本框有下列 4 种说法，正确的是（　　）。

　　A.　文本框一定有边框

　　B.　文本框在移动时可作为整体移动

　　C.　文本框的大小不能随意缩放

　　D.　文本框不能复制

52.　在 Word 中，若要在文档中插入图片，应该使用（　　）选项卡中的命令。

　　A.　"插入"　　　　　　　　　　　　B.　"开始"

　　C.　"视图"　　　　　　　　　　　　D.　"审阅"

53.　在 Word 中，对所插入的图片不能进行的操作是（　　）。

　　A.　修改其中的图形　　　　　　　　B.　放大或缩小

　　C.　裁剪　　　　　　　　　　　　　D.　移动其在文档中的位置

54.　在 Word 中，将鼠标指针移动到图中任一位置，单击鼠标左键，图片四周会出现的控制点有（　　）。

　　A.　8 个　　　　　　　　　　　　　B.　12 个

　　C.　10 个　　　　　　　　　　　　　D.　6 个

55.　在 Word 中输入数学公式是通过选择（　　）按钮来实现的。

　　A.　"插入"选项卡，在功能区的"文本"组中单击"文本框"

B. "插入"选项卡，在功能区的"符号"组中单击"公式"

C. "插入"选项卡，在功能区的"符号"组中单击"符号"

D. "插入"选项卡，在功能区的"插图"组中单击"图片"

56. 在 Word 中，有关图片操作的说法中错误的是（　　）。

A. 只能做矩形裁剪　　　　　　　　　B. 可以调整图片的饱和度

C. 可以删除图片背景　　　　　　　　D. 可以调整图片的大小

57. 在 Word 中，模式匹配查找中能使用的通配符是（　　）。

A. +和−　　　　　　　　　　　　　B. *和,

C. *和?　　　　　　　　　　　　　　D. ／和*

58. 在 Word 中，利用（　　）可以快速建立具有相同结构的文件。

A. 格式　　　　　　　　　　　　　　B. 模板

C. 样式　　　　　　　　　　　　　　D. 视图

59. 在 Word 中，若已存在一个名为 Novel.docx 的文件，要想将它重命名为 NEW.docx，可以选择"文件"选项卡，可选择（　　）选项。

A. "全部保存"　　　　　　　　　　　B. "另存为"

C. "保存"　　　　　　　　　　　　　D. "新建"

60. 在 Word 中，页眉和页脚的作用范围是（　　）。

A. 全文　　　　　　　　　　　　　　B. 节

C. 页　　　　　　　　　　　　　　　D. 段

3.3.2　填空题

第 3 章
填空题及参考答案

1. 在 Word 中，利用_____可以快速建立具有相同结构的文件。

2. Word 2016 默认的文件扩展名是_____。

3. 当修改一文档时，必须把_____移动到需要修改的位置。

4. 图文混排指的是_____和_____的排列融为一体，恰到好处。

5. 在 Word 中，可以使用键盘上的_____键在表格的各单元格中移动光标。

6. 在 Word 中，若要以列方式选取文本，需要同时按住键盘上的_____键。

7. Word 中的"剪贴板"最多可容纳_____项内容。

8. 使用 Word 时，当同时打开多个 Word 文档后，在同一时刻有_____个是当前文档。

9. Word 包含页面视图、大纲视图、Web 版式视图、阅读视图和_____视图。

10. 在 Word 编辑状态下，按 Enter 键可产生一个_____符。

11. 水平标尺上有首行缩进标记、_____、右缩进标记 3 个三角形滑块，左右移动滑块位置即可标定这 3 个边界的位置。

12. 在 Word 中，将文档中的某段文字误删除之后，可单击快速启动工具栏中的____按钮恢复到删除前的状态。

13. 将文档中的一部分内容复制到别处，最后一个步骤是_____。

14. _____对话框提供了设置段落格式的最全面的方式。

15. 当插入点位于表格的最后一个单元格中时，按_____键会自动增加空表行。

16. Word 中的文本框有_____和竖排文本框两种。

17. 在 Word 中，除了可以使用"查找和替换"来查找文本外，还可利用_____功能来完成这一操作。

18. 在 Word 中为了更好地组织冗长文档的编排，可使用_____视图方式。在这种视图方式中，可以折叠文档以便只看标题、子标题，或者展开查看整个文档。

19. 在 Word 中，脚注的注释文字放在每一页的底端，而_____的注释文字放在文档的结尾处。

20. 在 Word 中，要将文档保存为不同格式，应选择"文件"选项卡，单击_____按钮。

3.3.3 综合应用

为自己设计一份求职简历，基本要求如下：

① 求职简历包括封面、个人简历表格和自荐书等内容。

② 简历封面应包含个性艺术字、图片等内容；简历表格应该有个人的情况及成绩介绍；自荐书应图文并茂，合理地运用 Word 各种编辑排版手段。

③ 求职简历力求简洁明了，美观大方又突显个性。

第 4 章　Excel 电子表格

4.1　训练目标

① 了解 Excel 电子表格软件的基本功能，掌握 Excel 的启动和退出的方法，熟悉 Excel 工作窗口；掌握 Excel 中工作簿、工作表、单元格、单元格区域等概念。

② 掌握 Excel 工作簿、工作表的插入、删除、重命名等基本操作；掌握 Excel 数据的分类，不同数据的输入及数据自动填充方法；掌握单元格插入、删除及单元格内容的编辑操作。

③ 掌握单元格格式设置，如字体、数字格式、对齐格式、设置边框、设置底纹等操作；掌握对行和列的设置，工作表的格式化操作；掌握工作表窗口操作，如冻结标题、窗口的拆分；掌握批注使用，其中包括添加批注、设置批注格式和删除批注。

④ 掌握公式的使用，如输入与编辑、复制、移动等操作；掌握函数的使用，注意函数的格式；掌握 Excel 自动计算功能，求和、平均值、计数的自动计算。

⑤ 理解数据列表的概念，掌握 Excel 中数据列表的简单排序、高级排序、自定义排序等方法；掌握 Excel 中数据筛选方法，包括自动筛选和高级筛选；掌握 Excel 中简单分类汇总和嵌套分类汇总方法。掌握 Excel 中建立透视表的方法。

⑥ 了解图表的功能，掌握创建图表的步骤方法；掌握图表的编辑方法，其中包括图表的缩放、移动、复制和删除，图表类型的改变，图表中数据及各组成元素的编辑操作；掌握迷你图的使用；掌握格式化图表的方法。

4.2　上机实验

实验素材 4-2-1
Excel 基本操作

4.2.1　Excel 基本操作

【实验目的】

掌握 Excel 文件操作和 Excel 工作表操作。

【实验内容和步骤】

1. 启动和退出

① 启动和退出 Excel 电子表格系统。

② 为 Excel 应用程序在桌面上建立快捷方式，命名为"电子表格系统"。

2. Excel 文件操作

（1）从 D:\PCTrain\E1 文件夹中打开 Excel1.xlsx 文件；将文件另存为新的 Excel

实验视频 4-2-1
Excel 基本操作

实验结果 4-2-1
Excel 基本操作

文件，以 Excel2.xlsx 为名保存在 D:\Try 文件夹中。

【思考】

① 当前应用程序窗口中有多少个 Excel 文件？

② 新建的 Excel 文件默认名称是什么？有几个 Excel 工作表？

③ 分别指出当前工作表和当前单元格名称。

（2）只保留 Excel2.xlsx 文件，关闭其他文件。

3. Excel 工作表操作

在 Excel2.xlsx 文件中完成如下操作：

① 在 Sheet1 工作表之前插入3 个工作表，分别命名为"表 1""表 2"和"表3"。

② 删除"表 3"工作表。

③ 将 Sheet1 工作表移到"表 1"之后，重命名为"成绩表"。

④ 复制"成绩表"工作表到"表 2"工作表之后，观察新增工作表名并重命名为"对照表"。

⑤ 隐藏"表 1"和"表 2"2 张工作表，取消"表 2"工作表的隐藏。

⑥ 将"对照表"和"表 2"工作表标签颜色设置为紫色（标准色）。

⑦ 保存 Excel2.xlsx 文件，关闭 Excel 窗口。

4.2.2　Excel 编辑操作

实验素材 4-2-2
Excel 编辑操作

实验视频 4-2-2
Excel 编辑操作

实验结果 4-2-2
Excel 编辑操作

【实验目的】

① 掌握 Excel 数据的输入和填充。

② 掌握 Excel 数据的编辑修改和工作表编辑操作。

【实验内容和步骤】

打开 D:\PCTrain\E2\Excel1.xlsx 文件，完成如下操作，如图 4.1 所示。

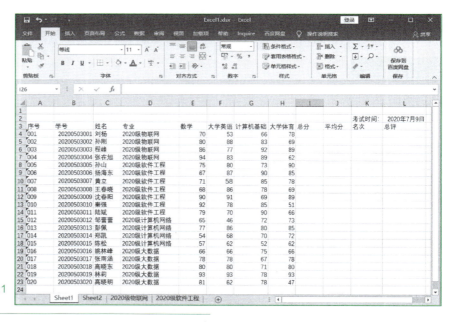

图 4.1
Excel1.xlsx 文件 Sheet1
工作表样张

① 在 Sheet1 工作表 A 列处插入一列，增加“序号”字段，并使用数据填充的方法输入序号数据，如“序号、001、002、003、004、005、006、007、008、009…”。

【提示】

应选中 A 列中的一单元格，选择“开始”选项卡，在功能区的“插入”组中单击“列”按钮；设置该列单元格的数字格式为“文本”，在 A4 单元格内输入“001”或者在 A4 单元格内分别输入“’001”；选中 A4 单元格右下角填充柄自动填充该列数据。

② 插入新工作表 Sheet2，并在工作表中输入数据，见表 4.1。

表 4.1 成 绩 单

学号	姓名	专业	数学	大学英语	计算机基础	大学体育	总评
20200503078	杨光	跨境电商	70	53	66	85	
20200503079	项前	跨境电商	80	88	83	87	

③ 清除 Sheet1 工作表中“学号”所在单元格以下的数据，使用数据填充的方法重新从“20200503001”开始输入数据。删除“专业”所在单元格以下 D5:D11 的数据，使用数据填充的方法重新输入班级数据“软件工程”。

④ 在 Sheet1 工作表的第 1 行前插入 1 个空行，删除“考试时间：”下方的一行。将文字“考试时间：”所在的单元格（即 D2 单元格）移至 K3 单元格。

⑤ 设置 E4:H23 单元格的数据验证规则，要求此单元格区域限制只可输入大于或等于 0 并且小于或等于 100 的整数，输入错误时单元格显示警告信息为“分数只能填入 0 至 100 的整数”。

⑥ 修改“专业”所在列的专业名称，在每个专业名称之前加上“2020 级”，如专业名称“物联网”改为“2020 级物联网”。

⑦ 插入工作表 Sheet3，将 Sheet1 工作表中的班级为“2020 级物联网”学生数据和数据列表的列标题（即第 3 行的单元格 A3:L7）复制到 Sheet3 工作表中，将 Sheet3 工作表更名为“2020 级物联网”。

⑧ 插入新工作表 Sheet4，选取 Sheet1 工作表中的班级为“2020 级软件工程”学生数据和数据列表的列标题（即第 3 行的单元格 A3:L3 和 A8:L14）转置复制到 Sheet4 工作表中，并将工作表更名为“2020 级软件工程”，如图 4.2 所示。

	A	B	C	D	E	F	G
1	序号	005	006	007	008	009	010
2	学号	20200503005	20200503006	20200503007	20200503008	20200503009	20200503010
3	姓名	孙山	扬海东	黄立	王春晓	沈春阳	秦强
4	专业	2020级软件工程	2020级软件工程	2020级软件工程	2020级软件工程	2020级软件工程	2020级软件工程
5	数学	75	67	71	68	90	92
6	大学英语	80	87	58	86	91	78
7	计算机基础	73	90	85	78	69	85
8	大学体育	90	85	78	69	89	51
9	总分						
10	平均分						
11	名次						
12	总评						
13							

图 4.2 “2020 级软件工程”工作表样张

【提示】

转置是指行变成列、列变成行的相关操作。选取 Sheet1 工作表中的相关数据区域并选择"开始"选项卡，在功能区的"剪贴板"组中单击"复制"按钮，在 Sheet4 工作表中某一合适的位置选择"开始"选项卡，在功能区的"剪贴板"组中单击"粘贴"按钮，在弹出的下拉菜单中选择"选择性粘贴"命令，在打开的"选择性粘贴"对话框中选中"转置"复选框，单击"确定"按钮。

⑨ 将修改后的 Excel1.xlsx 文件另存为 D:\Try\ Excel1.xlsx 文件。

4.2.3　Excel 格式化操作

实验素材 4-2-3
Excel 格式化操作

实验视频 4-2-3
Excel 格式化操作

实验结果 4-2-3
Excel 格式化操作

【实验目的】

① 掌握 Excel 工作表的数据列表、行、列和单元格自定义格式设置。

② 掌握 Excel 工作表的数据列表自动套用格式的设置。

③ 掌握 Excel 工作表窗口格式的设置。

【实验内容和步骤】

打开 D:\PCTrain\E3\Excel1.xlsx 文件，在 Excel1.xlsx 中完成如下操作：

① 在 A1 单元格输入如下内容："2020 级信息学院学生期末考试成绩分析表"，并设置字体格式为楷体、大小为 21 磅、深蓝色（标准色）、加粗。将 A1:L1 单元格合并后居中对齐。

【提示】

在 A1 单元格内输入表标题，再选中单元格区域 A1:L1，选择"开始"选项卡，在功能区的"对齐方式"组中单击"合并后居中"按钮，（或单击"开始"选项卡中"对齐方式"组的右下方按钮 ⬔，打开"设置单元格格式"对话框，在"对齐"选项卡的"水平对齐"下拉列表框中选择"居中"选项，在"文本控制"选项区域中选中"合并单元格"复选框）。

② 为"2020 级物联网"工作表的数据列表添加红色（标准色）双实线的外边框、蓝色（标准色）单实线的内边框，如图 4.3 所示。

图 4.3
Excel1.xlsx 文件
"2020 级物联网"
工作表样张

	A	B	C	D	E	F	G	H	I	J	K	L
1	序号	学号	姓名	专业	数学	大学英语	计算机基础	大学体育	总分	平均分	名次	总评
2	001	20200503001	刘杨	2020级物联网	70	53	66	78				
3	002	20200503002	孙刚	2020级物联网	80	88	83	69				
4	003	20200503003	程峰	2020级物联网	86	77	92	89				
5	004	20200503004	张右旭	2020级物联网	94	83	89	62				

③ 设置 Sheet1 工作表数据列表中所有数据居中对齐，宋体、12 磅；数据列表的列标题单元格（即第 3 行的单元格 A3:L3）设为加粗、水平和垂直居中，选择一种合适的蓝色背景填充为底纹；为全文所有数据区添加红色（标准色）双实线的外边框、浅蓝色（标准色）单实线的内边框，"总分"列保留小数点后 1 位。

④ 设置隐藏 Sheet1 工作表的第 8 行～第 14 行数据，然后取消隐藏。

⑤ 设置 Sheet1 工作表冻结前 3 行标题内容。

⑥ 设置 Sheet1 工作表的第 3 行行高为 22 磅，第 E 列～第 J 列列宽为 11 磅。

⑦ 为 L3 单元格（即"总评"单元格）添加批注，批注内容为"根据平均分是否大于 70 分设置为及格和不及格"。

⑧ 设置 Sheet1 工作表条件格式：在"大学英语"列中，将低于 60 分的成绩设置为红色、倾斜、加粗格式。

【提示】

　　选中"大学英语"列的所有学生成绩，选择"开始"选项卡，在功能区的"样式"组中单击"条件格式"按钮，在弹出的下拉菜单中选择"突出显示单元格规则"→"小于"菜单命令，在打开的如图 4.4 所示的"小于"对话框中输入条件，并单击格式设置组合框按钮，在弹出的下拉列表中选择"自定义格式"选项，打开"设置单元格格式"对话框，并在其中进行格式设置。

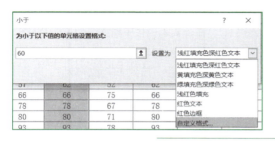

图 4.4
"条件格式"设置对话框

　　⑨ 对"2020 级软件工程"工作表自动套用"浅黄，表样式中等深浅 26"表格样式。
　　⑩ 将修改后的文件存为 D:\Try\Excel3.xlsx，如图 4.5 所示。

图 4.5
Excel3.xlsx 文件
Sheet1 工作表样张

4.2.4　Excel 公式和函数（一）

【实验目的】

掌握公式和函数的使用。

【实验内容和步骤】

打开 D:\PCTrain\E4\Excel2.xlsx 文件，使用公式或函数完成如下操作：
分别在 G、H 列计算出各学生的平均分和总分，平均分保留小数点后 1 位。

【提示】

先求第 1 个学生的平均分和总分，其他学生通过填充柄方式实现。

　　① 鼠标单击目标单元格 G2，利用 SUM 函数对第 1 个学生的数学、大学英语、计算

实验素材 4-2-4
Excel 公式和函数 1

实验视频 4-2-4
Excel 公式和函数 1

实验结果 4-2-4
Excel 公式和函数 1

机基础、大学体育几门课程成绩求和得到总分，然后拖动 G2 单元格右下角的十字填充柄完成总分计算。或者利用公式"总分=数学+大学英语+计算机基础+大学体育"，单击目标单元格 G2，在公式编辑栏中输入"=C2+D2+E2+F2"然后按 Enter 键求出第 1 位学生的总成绩。然后拖动 G2 单元格右下角的十字填充柄完成总分计算。

② 单击目标单元格 H2，使用 AVERAGE 函数对第 1 个学生的数学、大学英语、计算机基础、大学体育几门课程成绩求平均得到平均分，此处主要需手动选定确认引用区域，然后拖动 G2 单元格右下角的十字填充柄完成总分计算。或者利用公式平均分为 4 科成绩的总和除以 4，单击目标单元格 G2，在公式编辑栏中输入"=（C2+D2+E2+F2）/4"然后按 Enter 键求出第 1 位学生的平均成绩。然后拖动 H2 单元格右下角的十字填充柄完成平均分计算。选中 H2:H21 单元格区域，在数字功能组下拉列表中选择数值，并将小数位数设置为 1。

③ 在第 22 行和第 23 行分别计算各门学科最高分和最低分（利用 MAX、MIN 函数）。

④ 在 C24 单元格中显示考生人数（利用 COUNT 函数）。

⑤ 根据"总分"或"平均分"列的数据大小给出第 J 列"总评"列的数据。当总分 <240（或平均分<60）时，"总评"列单元格显示"不及格"；否则，显示"及格"。

📖【提示】

使用 IF 函数先求第 1 个学生的总评，其他学生通过填充柄方式实现。求第 1 个学生的总评首先选取目标单元格 J2，单击"插入函数"按钮并选用 IF 函数，在 IF"函数"对话框中进行设置，如图 4.6 所示。

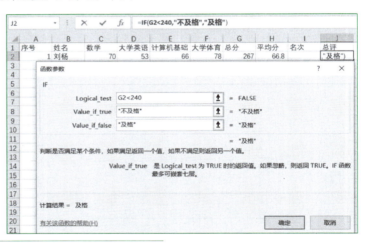

图 4.6
IF"函数"对话框

⑥ 单击状态栏的快捷菜单，在自动计算栏中选择"平均数""求和""最大值"选项。选取 C2:F2 单元格区域，观察状态栏中显示选定区域数值的平均值与 H2 单元格的数值是否一致，求和值与 G2 单元格的数值是否一致；选取 C2:C21 单元格区域，观察状态栏中显示选定区域数值的最大值与 C22 单元格的数值是否一致。

⑦ 在 I 列计算学生按照总分的排名。

📖【提示】

使用 RANK 函数先求第 1 个学生的名次，其他学生通过填充柄方式实现。求第 1 个学生的名次首先选取目标单元格 I2，单击"插入函数"按钮在搜索函数框中输入 RANK 单击转到，在弹出的选项中选择函数 RANK，在 RANK"函数参数"对话框中进行参数设置，注意引用排名区域需要绝对引用，如图 4.7 所示。

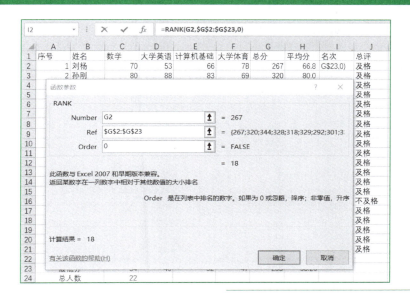

图 4.7
RANK"函数参数"对话框

⑧ 将修改后的 Excel2.xls 文件另存为 D:\Try\ Excel4.xlsx，效果如图 4.8 所示。

图 4.8
Excel4.xlsx 文件 Sheet1
工作表样张

4.2.5　Excel 公式和函数（二）

实验素材 4-2-5
Excel 公式和函数 2

【实验目的】

掌握常见公式和函数的使用。

【实验内容和步骤】

打开 D:\PCTrain\E5\Excel3.xlsx 文件，使用公式或函数完成如下操作：

① 利用水果编号分别在 D、E 列计算出水果的名称和单价。

实验视频 4-2-5
Excel 公式和函数 2

【提示】

使用 VLOOKUP 函数先求出第 1 个水果编号的水果名称，其他编号通过填充柄实现。

求第 1 个水果名称首先选取目标单元格 E2，单击编辑框输入"=VLOOKUP"双击索引出的

实验结果 4-2-5
Excel 公式和函数 2

函数确认，单击"插入函数"按钮 _fx_ 在弹出的 VLOOKUP"函数"对话框中进行参数设置，注意引用编号对照表区域需要绝对引用，如图 4.9 所示。用同样方法计算出单价。

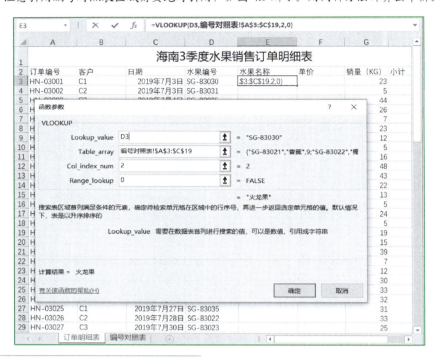

图 4.9
VLOOKUP"函数"
对话框

② 在 H 列计算出小计的结果（公式为单价*销量）。

③ 在 K3:K9 单元格区域中求出对应水果的订单数量（利用 COUNTIF 函数）。

📖【提示】

使用 COUNTIF 函数先求出第 1 个水果编号的订单数量，其他订单数量通过填充柄实现。求第 1 个水果编号的订单数量首先选定目标单元格 K3，单击编辑框输入"=COUNTIF"双击索引出的函数确认，单击"插入函数"按钮 _fx_ 在弹出的 COUNTIF"函数"对话框中进行参数设置，注意引用水果编号区域需要绝对引用，如图 4.10 所示。

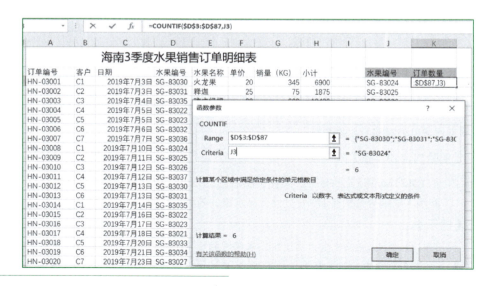

图 4.10
COUNTIF"函数"
对话框

④ 在 K19:K25 单元格区域中求出对应客户的支付总额（利用 SUMIF 函数）。

📖【提示】

使用 SUMIF 函数先求出第 1 个客户的支付总额，其他客户支付总额通过填充柄实现。求第 1 个客户支付总额首先选定目标单元格 K19，单击编辑框输入"=SUMIF"双击索引出的函数确认，单击"插入函数"按钮 *fx* 在弹出的 SUMIF "函数"对话框中进行参数设置，注意引用客户区域和小计区域需要绝对引用，如图 4.11 所示。

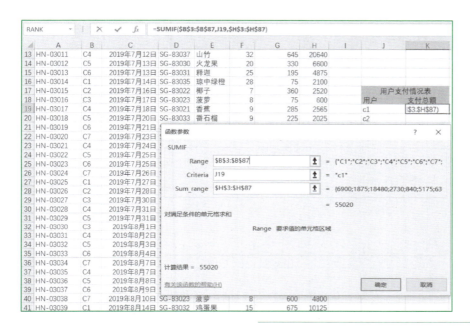

图 4.11
SUMIF "函数"对话框

⑤ 将修改后的 Excel3.xls 文件另存为 D:\Try\ Excel5.xlsx，效果如图 4.12 所示。

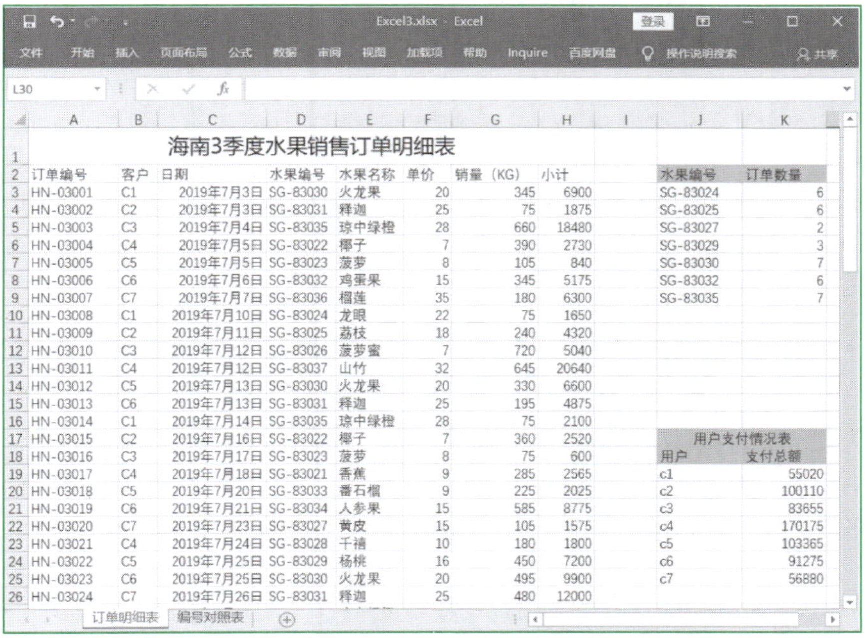

图 4.12
Excel5.xlsx 文件订单
明细表工作表样张

4.2.6　Excel 数据管理

实验素材 4-2-6
Excel 数据管理

实验视频 4-2-6
Excel 数据管理

实验结果 4-2-6
Excel 数据管理

【实验目的】

掌握数据的排序、筛选、分类汇总、数据透视表等操作。

【实验内容和步骤】

打开 D:\PCTrain\E6\Excel4.xlsx，完成如下操作后另存为 D:\Try\ Excel6.xlsx。

1．排序操作

① 对销售记录工作表的数据按主要关键字为类型，次序为升序排序，次要关键字为销量，次序为降序排列，如图 4.13 所示。

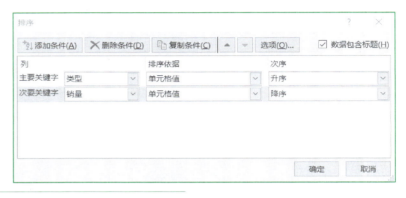

图 4.13
“排序”对话框

② 将排序后的数据创建副本放在原表之后，并将工作表改名为“排序表”，效果如图 4.14 所示。

	A	B	C	D	E	F
1	海南某品牌2020年销售数据					
2	序号	地区	类型	销量	价格	金额
3	098	海口	冰箱	1084	¥2,800	¥2,974,496
4	096	乐东	冰箱	1075	¥2,800	¥2,949,800
5	093	儋州	冰箱	1000	¥2,800	¥2,744,000
6	084	海口	冰箱	982	¥2,800	¥2,749,600
7	018	乐东	冰箱	978	¥2,800	¥2,738,400
8	062	乐东	冰箱	978	¥2,800	¥2,738,400
9	054	三亚	冰箱	971	¥2,800	¥2,718,800
10	069	三亚	冰箱	969	¥2,800	¥2,713,200
11	057	琼海	冰箱	968	¥2,800	¥2,710,400
12	046	儋州	冰箱	939	¥2,800	¥2,629,200
13	043	琼海	冰箱	931	¥2,800	¥2,606,800
14	034	乐东	冰箱	919	¥2,800	¥2,573,200
15	090	琼海	冰箱	918	¥2,800	¥2,570,400
16	082	乐东	冰箱	902	¥2,800	¥2,525,600
17	040	三亚	冰箱	896	¥2,800	¥2,508,800
18	076	儋州	冰箱	895	¥2,800	¥2,506,000
19	099	三亚	冰箱	893	¥2,800	¥2,500,400
20	087	三亚	冰箱	886	¥2,800	¥2,480,800
21	004	海口	冰箱	885	¥2,800	¥2,478,000
22	051	海口	冰箱	876	¥2,800	¥2,452,800
23	059	儋州	冰箱	874	¥2,800	¥2,447,200
24	073	琼海	冰箱	873	¥2,800	¥2,444,400
25	002	乐东	冰箱	867	¥2,800	¥2,427,600
26	011	琼海	冰箱	865	¥2,800	¥2,422,000
27	067	海口	冰箱	859	¥2,800	¥2,405,200
28	049	乐东	冰箱	840	¥2,800	¥2,352,000
29	015	儋州	冰箱	825	¥2,800	¥2,310,000

销售记录　排序表

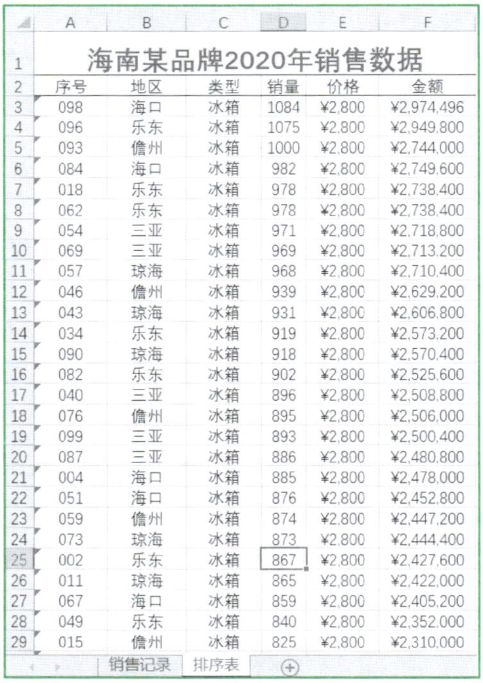

图 4.14
“排序表”工作表样张

2. 筛选操作

（1）自动筛选

① 将销售记录工作表数据还原（按照序号列升序排序），从销售记录工作表中筛选出海口、空调、销售量大于或等于 1000 的结果，并在最后新建一张工作表，将结果复制到新工作表内，将工作表改名为"海口空调销量"，效果如图 4.15 所示。

	A	B	C	D	E	F
1	海南某品牌2020年销售数据					
2	序号	地区	类型	销量	价格	金额
3	121	海口	空调	1053	¥3,200	¥3,369,600
4	132	海口	空调	1026	¥3,200	¥3,283,200
5	141	海口	空调	1124	¥3,200	¥3,596,800
6	146	海口	空调	1095	¥3,200	¥3,504,000
7	151	海口	空调	1126	¥3,200	¥3,603,200
8	156	海口	空调	1102	¥3,200	¥3,526,400
9	161	海口	空调	1230	¥3,200	¥3,936,000
10	166	海口	空调	1211	¥3,200	¥3,875,200
11	171	海口	空调	1151	¥3,200	¥3,683,200
12	177	海口	空调	1215	¥3,200	¥3,888,000
13	182	海口	空调	1127	¥3,200	¥3,606,400
14	187	海口	空调	1288	¥3,200	¥4,121,600
15	192	海口	空调	1373	¥3,200	¥4,393,600
16	197	海口	空调	1321	¥3,200	¥4,227,200
17	202	海口	空调	1692	¥3,200	¥5,414,400
18	207	海口	空调	1736	¥3,200	¥5,555,200
19	212	海口	空调	1874	¥3,200	¥5,996,800

销售记录 | 排序表 | 海口空调销量

图 4.15
"海口空调销量"工作表样张

② 将销售记录工作表数据还原（单击"筛选"按钮），从销售记录工作表中筛选出"海口、三亚、琼海"空调销量在 1000～1300 之间的记录，将结果复制到新工作表内，并将工作表改名为"空调销量优"，效果如图 4.16 所示。

	A	B	C	D	E	F
1	海南某品牌2020年销售数据					
2	序号	地区	类型	销量	价格	金额
3	101	三亚	空调	1073	¥3,200	¥3,433,600
4	114	三亚	空调	1012	¥3,200	¥3,238,400
5	121	海口	空调	1053	¥3,200	¥3,369,600
6	123	三亚	空调	1010	¥3,200	¥3,232,000
7	132	海口	空调	1026	¥3,200	¥3,283,200
8	136	琼海	空调	1021	¥3,200	¥3,267,200
9	138	琼海	空调	1085	¥3,200	¥3,472,000
10	141	海口	空调	1124	¥3,200	¥3,596,800
11	142	三亚	空调	1121	¥3,200	¥3,587,200
12	143	琼海	空调	1143	¥3,200	¥3,657,600
13	146	海口	空调	1095	¥3,200	¥3,504,000
14	147	三亚	空调	1095	¥3,200	¥3,504,000
15	148	琼海	空调	1041	¥3,200	¥3,331,200
16	151	海口	空调	1126	¥3,200	¥3,603,200
17	152	三亚	空调	1082	¥3,200	¥3,462,400
18	153	琼海	空调	1134	¥3,200	¥3,628,800
19	156	海口	空调	1102	¥3,200	¥3,526,400
20	157	三亚	空调	1148	¥3,200	¥3,673,600
21	161	海口	空调	1230	¥3,200	¥3,936,000

销售记录 | 排序表 | 海口空调销量 | 空调销量优

图 4.16
"空调销量优"工作表样张

（2）高级筛选

① 将销售记录工作表数据还原（单击"筛选"按钮），在最后位置创建一个副本，并更名为"高级筛选"。

② 在"高级筛选"工作表第 1 行上方插入 4 行空行，A1:F3 区域作为数据列表区，利用高级筛选从工作表中筛选出海口地区洗衣机销量在 1300 台及以上，三亚地区冰箱销量在 900 台及以下的记录，如图 4.17 所示，将结果在原工作表内显示，效果如图 4.18 所示。

图 4.17
"高级筛选"对话框

图 4.18
"高级筛选"工作表样张

3．分类汇总操作

① 将销售记录工作表在最后位置创建一个副本，命名为"地区销售额分类汇总"。

② 按照地区为分类字段对销售金额进行求和汇总，如图 4.19 所示为二级汇总结果显示。

1 2 3		A	B	C	D	E	F
	1	海南某品牌2020年销售数据					
	2	序号	地区	类型	销量	价格	金额
+	46		儋州 汇总				¥159,546,275
+	89		海口 汇总				¥153,284,288
+	132		乐东 汇总				¥153,427,367
+	176		琼海 汇总				¥159,781,006
+	222		三亚 汇总				¥168,541,254
−	223		总计				¥794,580,190
	224						
	225						

◀ … 空调销量优　高级筛选　地区销售额分类汇总　⊕

图 4.19
"地区销售额分类汇总"工作表样张

4. 数据透视表

利用数据透视表统计"销售记录"工作表中各地区电器销售情况，列标签为"类型"，行标签为"地区"，为"销量"汇总，并在现有工作表 H2 位置显示，效果如图 4.20 所示。

图 4.20
"数据透视表"样张

4.2.7　Excel 图表操作

【实验目的】

掌握创建图表的方法；掌握图表的编辑操作。

【实验内容和步骤】

打开 D:\PCTrain\E7\Excel1.xlsx 文件，完成如下操作，另存为 D:\Try\ Excel7.xlsx。

（1）在 E471.xlsx 文件的 Sheet1 工作表中根据前 3 位学生的 4 门课程成绩，创建"三维簇状柱形图"图表，并将生成的图表移动至 A22:H40 位置。

【提示】

先选取生成图表的数据区域 B1:F4（即标题字段和前 3 位 4 门课程成绩的数据和学生姓名列），这是插入图表的关键操作，再选择"插入"选项卡，在功能区的"图表"组中单击"插入柱形图或条形图"选项中的"三维柱形图"按钮，在下拉列表中选择"三维簇状柱形图"选项，并生成图表。

实验素材 4-2-7
Excel 图表操作

实验视频 4-2-7
Excel 图表操作

实验结果 4-2-7
Excel 图表操作

【思考】

生成图表后，改变学生刘杨的 4 门课程成绩为 65、87、57、92，观察图表有何变化，说明原因。

（2）对 Sheet1 工作表中的图表进行如下格式化操作。

① 添加图表标题为"学生各科成绩图"，并设为微软雅黑、17 磅、深蓝色。

【提示】

单击"图表工具|设计"选项卡"图表布局"组中的"添加图表元素"按钮，在弹出的下拉列表中选择"图表标题"选项下拉表中的"图表上方"，在图表标题框中输入标题文字，并进行相应文字格式设置。

② 为横轴添加字体为红色的标题"科目"，标题置于坐标轴下方，如图 4.21 所示。

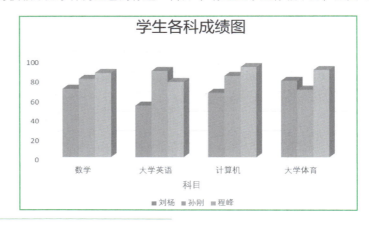

图 4.21
"学生各科成绩图"示意图

【提示】

单击图表右上角的加号按钮 ➕，在弹出的下拉列表中选择"图表元素"功能区下拉列表中的"坐标轴标题"→"主要横坐标轴"选项，如图 4.22 所示，然后添加横坐标抽标题。

图 4.22
"图表元素"简图

③ 将数值轴的最大值设置为 100，最小值为 0，主要刻度间距改为 20。

【提示】

选中垂直轴的刻度值，右击，在弹出的快捷菜单中选择"设置坐标轴格式"命令，在打开的"设置坐标轴格式"窗格中将"坐标轴选项"中"边界"的内容设置"最大值"为 100，"单位"设置"大"为 20。

④ 图例置于底部，不显示网格线，显示数据标签值选项。

📖【提示】

选择图表右上角加号"图表元素"简图中"图例"选项，在"图例"右侧弹出的下拉列表中选择"底部"选项。选择图表右上角加号"图表元素"简图中"网格线"选项，在"网格线"右侧弹出的下拉列表中取消选中"主要网格线"选项。选择图表右上角加号"图表元素"简图中"数据标签"选项下的"更多选项"命令，在右侧"设置数据标签格式"窗格"标签选项"中选中"标签选项"里的"值"选项。

⑤ 更换背景墙和基底的颜色。

📖【提示】

选中图表的背景墙区域并右击，在弹出的快捷菜单中选择"设置背景墙格式"命令，在打开的"设置背景墙格式"窗格的背景墙选项中选择"填充"选项，并在下拉列表中设置填充效果。同样，选择图表的基底区域并右击，在弹出的快捷菜单中选择"设置基底格式"命令，在打开的"设置基底格式"窗格中设置填充效果。

⑥ 把学生"程峰"的4门课程成绩的柱形条颜色改为其他颜色。

📖【提示】

在图表中选中程峰的数据系列，右击，在弹出的快捷菜单中选择相应命令进行颜色填充设置。

4.2.8　Excel 综合训练

【实验目的】

熟练掌握 Excel 文件操作、工作表操作、数据编辑操作、工作表格式化操作、公式和函数的使用、数据管理以及图表操作。

【实验内容和步骤】

1. 对 D:\PCTrain\E8\Excel5.xlsx 进行操作，以 Excel8.xlsx 为文件名保存于 D:\Try 中

（1）编辑"员工信息"工作表。

① 在 A 列前插入1列，添加"序号"字段，序号为"01，02，03，04，..."。在 H 列后插入1列，添加"奖金"字段。

② 设置标题"椰果集团员工工资表"为黑体、红色、19磅、A1:J1 单元格跨列居中。

③ 将"编制"与"职称"两列的位置对调。

④ 对"应发工资"列的数据应用货币格式，保留1位小数点。

⑤ 数据区所有内容居中对齐，并设置所有数据区域为蓝色单实线边框格式。

（2）公式函数。

① 应用 IF 函数，填充"员工信息表"工作表内"奖金"列的数据。奖金数据按职称分为以下3个等级"1）工人1000，2）助工1500，3）工程师2000"。

② 计算员工应发工资：应发工资=基本工资-保险+生活补助+奖金-水电。

（3）对"员工信息表"工作表的"应发工资"列数据设置如下格式。

当员工应发工资大于8000，数据显示为红色加粗，当员工应发工资小于5000，数据

实验素材 4-2-8
Excel 综合训练

实验视频 4-2-8
Excel 综合训练1

实验视频 4-2-8
Excel 综合训练2

实验视频 4-2-8
Excel 综合训练3

实验结果 4-2-8
Excel 综合训练

显示为橙色加粗，其他显示为紫色加粗。

（4）插入新的工作表并命名为"工程师工资表"，在"员工信息表"中筛选出所有职称为"工程师"的员工，将数据复制到"工程师工资表"中。

（5）在"工程师工资表"工作表中为前所有员工根据"应发工资"列数据在其下方生成三维簇状柱形图，图表主标题为"工程师工资图"，并合理设置图表格式，效果如图 4.23 所示。

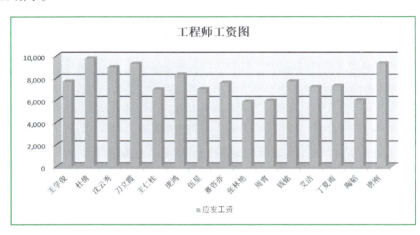

图 4.23
"工程师工资图"示意图

2. 对 D:\PCTrain\E8\Excel6.xlsx 进行操作，以 E482.xlsx 为文件名保存于 D:\Try\中

（1）编辑 Sheet1 工作表。

① 在最左侧插入一列，增加"序号"字段，序号为"001，002，003，004，…"。

② 为标题设置合并居中（A1:G1 单元格）。

③ 给字段名"总成绩"所在的单元格设置批注"总成绩=基础知识*50%+实践能力*30%+ 表达能力*20%"。

④ 对 Sheet1 工作表重命名为"学生成绩表"。

（2）利用公式分别计算工作表中所有学生"总成绩"和总成绩的"成绩排名"（利用 RANK 函数实现）。

（3）设置"学生成绩表"工作表的格式。

① 设置 B 列～G 列的列宽为 15 磅，所有数据区的行高为 17 磅。

② 为数据区添加红色双实线外边框和蓝色单实线内边框。

③ 对前两行冻结窗格。

④ 对"总评"列的数据设置条件格式，当总成绩大于 85 分时自动设置为蓝色加粗，总成绩小于 60 分设置为红色加粗黄色底纹。

（4）根据"学生成绩表"中"学号"和"总成绩"的数据，在同一表中创建一个"带数据标记的折线图"，主标题为"成绩分布图"，图例置于底部，在上方显示数据标签，具体图表格式如图 4.24 所示。

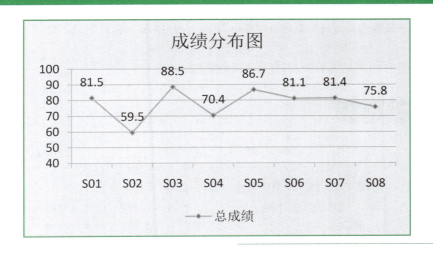

图 4.24
"成绩分布图"示意图

3．对 D:\PCTrain\E8\Excel7.xlsx 进行操作，以 E483.xlsx 为文件名保存于 D:\Try\中

（1）编辑"学生档案"工作表。

① 为"学生档案"工作表应用"蓝色，表样式中等深浅 9"的表格样式。

② 将"学生档案"工作表标签颜色设置为紫色（标准色）。

③ 对 Sheet2 工作表重命名为"期末成绩总表"。

（2）在"学生档案"工作表中，利用公式进行计算。

① 在工作表"学生档案"中，利用公式及函数依次输入每个学生的性别"男"或"女"、出生日期"××××年××月××日"和年龄。其中，身份证号的倒数第 2 位用于判断性别，奇数为男性，偶数为女性；身份证号的第 7 位～第 14 位代表出生年、月、日；年龄需要按周岁计算，满 1 年计 1 岁，不满不计。

② 适当调整工作表的行高和列宽、对齐方式等，以符合基本审美。

（3）在"语文"工作表中，利用公式计算。

① 利用函数值根据学号信息返回学生姓名。

② 计算"学期成绩"列数值，计算方式为"学期成绩=平时成绩*30%+期中成绩*30%+期末成绩*40%"。

③ 按成绩由高到低的顺序统计每个学生的"学期成绩"排名并按"第 n 名"的形式填入"班级名次"列中。

④ 计算出"期末总评"字段的值：其中，"语文""数学"工作表中当学期成绩>=104 时，显示"优秀"；当学期成绩>=84 时，显示"良好"；当总评>=74 时，显示"及格"；否则显示"不及格"。而"英语""物理"工作表中当学期成绩>=90 时，显示"优秀"；当学期成绩>=75 时，显示"良好"；当总评>=60 时，显示"及格"；否则显示"不及格"。

（4）将第（3）题中所有要求同步到"数学""英语""物理"工作表中，设置所有数据为紫色、12 磅、居中对齐。

（5）在"期末成绩总表"工作表中，利用公式计算。

① 利用函数将"期末成绩总表中"的姓名、语文、数学、英语、物理分别填充到相应的位置。

② 计算出每位学生的总分。

③ 按成绩由高到低的顺序统计每个学生的总分排名、并以 1，2，3，…形式标识名次。

④ 将前 10 名的同学总分成绩用浅蓝色填充。

4.3　课外训练

4.3.1　选择题

第 4 章
选择题及参考答案

1. （　　）是 Excel 的 3 个重要概念。

    A. 表格、工作表和工作簿　　　　　　B. 工作簿、工作表和单元格

    C. 行、列和单元格　　　　　　　　　D. 桌面、文件夹和文件

2. Excel 的工作表中，每一行和列交叉处为（　　）。

    A. 工作表　　　　　　　　　　　　　B. 表格

    C. 单元格　　　　　　　　　　　　　D. 工作簿

3. Excel 工作表中，每个单元格用它所在的列标签和行标签来引用，如 A6 表示（　　）。

    A. 位于第 2 行第 10 列的单元格　　　B. 位于第 A 行第 6 列的单元格

    C. 位于第 A 列第 6 行的单元格　　　D. 位于第 6 列第 10 行的单元格

4. Excel 工作表中最后一行最后一列的单元地址是（　　）。

    A. XFD1048576　　　　　　　　　　B. ZZ256

    C. IV65536　　　　　　　　　　　　D. VI65536

5. Excel 2016 工作簿文件的扩展名是（　　）。

    A. xlsx　　　　　　　　　　　　　　B. docx

    C. txt　　　　　　　　　　　　　　　D. xlt

6. Excel 是（　　）的重要成员。

    A. Internet　　　　　　　　　　　　B. Word

    C. Access　　　　　　　　　　　　　D. Office

7. Excel 中，下列（　　）是正确的区域表示法。

    A. A1:D4　　　　　　　　　　　　　B. A1#B4

    C. A1..D4　　　　　　　　　　　　　D. A1 > D4

8. Excel 中，选择性粘贴不能实现的功能是（　　）。

    A. 只粘贴数值而不带计算公式

    B. 粘贴的同时实现几项算术运算

    C. 对指定矩形区域的内容进行转置粘贴

    D. 粘贴的同时，实现某项算术运算

9. 构成工作表的最小单位是（　　）。

    A. 表格　　　　　　　　　　　　　　B. 行

    C. 列　　　　　　　　　　　　　　　D. 单元格

10. 默认情况下，Excel 2016 的一个工作簿中有（　　）个工作表。

    A. 3　　　　　　　　　　　　　　　B. 1

    C. 2　　　　　　　　　　　　　　　D. 4

11. 在 Excel 中，工作表与工作簿的关系是（　　　）。

    A. 工作表中包含多个工作簿　　　　　B. 工作表即是工作簿

    C. 工作簿中可包含多张工作表　　　　D. 两者无关

12. 在 Excel 工作表中，单元格区域 A2:B4 所包含的单元格个数是（　　　）。

    A. 7　　　　　　　　　　　　　　　　B. 5

    C. 6　　　　　　　　　　　　　　　　D. 8

13. 在 Excel 工作簿中，至少应含有的工作表个数是（　　　）。

    A. 2　　　　　　　　　　　　　　　　B. 16

    C. 3　　　　　　　　　　　　　　　　D. 1

14. 在任何时候，工作表中（　　　）单元格是激活的（即当前单元格）。

    A. 可以有一个以上　　　　　　　　　B. 有两个

    C. 有且仅有一个　　　　　　　　　　D. 至少有一个

15. 在 Excel 中，若要选择一个工作表的所有单元格，应单击（　　　）。

    A. 表标签　　　　　　　　　　　　　B. 左下角单元格

    C. 右上角单元格　　　　　　　　　　D. 列标行与行号列相交的单元格

16. Excel 中数据删除有数据清除和数据删除两个概念，数据清除和数据删除针对的对象分别是（　　　）。

    A. 两者都是单元格　　　　　　　　　B. 数据和单元格

    C. 单元格和数据　　　　　　　　　　D. 两者都是数据

17. 下面（　　　）键在实现多个不连续单元格的选取时是必需的。

    A. Alt　　　　　　　　　　　　　　　B. Ctrl

    C. Shift　　　　　　　　　　　　　　D. Tab

18. 在 Excel 工作簿中，有关移动和复制工作表的说法正确的是（　　　）。

    A. 工作表可以移动到其他工作簿内，不能复制到其他工作簿内

    B. 工作表只能在所在工作簿内移动，不能复制

    C. 工作表只能在所在工作簿内复制不能移动

    D. 工作表可以移动到其他工作簿内，也可复制到其他工作簿内

19. A1 单元格设定其数字格式为整数，当输入 33.51 时，显示（　　　）。

    A. 34　　　　　　　　　　　　　　　B. 33.51

    C. 33　　　　　　　　　　　　　　　D. ERROR

20. Excel 工作表单元格中，系统默认的数据对齐是（　　　）。

    A. 数值数据、正文数据均为右对齐

    B. 数值数据左对齐，正文数据右对齐

    C. 数值数据右对齐，文本数据左对齐

    D. 数值数据、正文数据均为左对齐

21. 迷你图的类型包括（　　　）。

    A. 柱形、折线、散点　　　　　　　　B. 饼图、折线、盈亏

    C. 柱形、折线、盈亏　　　　　　　　D. 柱形、组合、盈亏

22. 在 Excel 系统中输入数值型数据时系统默认（　　　）对齐。

    A. 左　　　　　　　　　　　　　　　B. 右

    C. 居中　　　　　　　　　　　　　　D. 不确定

23．当工作表较大时，需要移动工作表以查看屏幕以外的部分，但有些数据（如行标题和列标题）不希望随着工作表的移动而消失的，需要把它们固定下来，这需要通过（　　）来实现。

  A．数据列表   B．工作表窗口的拆分

  C．工作表窗口的冻结   D．把需要的数据复制下来

24．删除当前工作表中某列的正确操作步骤是（　　）。

  A．选定该列，选择"开始"选项卡，在功能区的"编辑"组中单击"清除"按钮

  B．选定该列，选择"开始"选项卡，在功能区的"单元格"组中单击"删除"按钮

  C．选定该列，选择"开始"选项卡，在功能区的"剪贴板"组中单击"剪切"按钮

  D．选定该行，按键盘中的 Delete 键

25．删除当前工作表中某行的正确操作步骤是（　　）。

  A．选定该列，选择"开始"选项卡，在功能区的"编辑"组中单击"清除"按钮

  B．选该列，选择"开始"选项卡，在功能区的"单元格"组中单击"删除"按钮

  C．选定该列，选择"开始"选项卡，在功能区的"剪贴板"组中单击"剪切"按钮

  D．选定该行，按键盘中的 Delete 键

26．Excel 中，单元格地址绝对引用的方法是（　　）。

  A．在构成单元格地址的字母和数字前分别加符号$

  B．在单元格地址前加符号$

  C．在单元格地址后加符号$

  D．在构成单元格地址的字母和数字之间加符号$

27．Excel 中比较运算符公式返回的计算结果为（　　）。

  A．1   B．真

  C．假   D．True 或 False

28．关于对单元格的引用，（　　）属于混合引用。

  A．A1   B．$A$1

  C．$A1   D．1$A

29．已知 B5:B9 输入数据 5、7、2、4、6，函数 MAX(B5:B9)=（　　）。

  A．2   B．5

  C．6   D．7

30．用相对地址引用的单元在公式复制中目标公式会（　　）。

  A．列地址变化   B．不变

  C．变化   D．行地址变化

31．Excel 工作表中，单元格 A1、A2、B1、B2 的数据分别是 11、12、13、"x"，函数 SUM(A1:A2)的值是（　　）。

  A．20   B．18

C. 0 　　　　　　　　　　　　D. 23

32. Excel 工作表中，单元格 A1、A2、B1、B2 的数据分别是 5、6、7、"AA"，函数 COUNT(A1:B2)的值是（　　）。

A. 3 　　　　　　　　　　　　B. 5

C. 4 　　　　　　　　　　　　D. 7

33. Excel 工作表中，单元格 A1、A2、B1、B2 的数据分别是 5、6、7、"AA"，函数 SUM(A1:B2)的值是（　　）。

A. 3 　　　　　　　　　　　　B. 5

C. #ERF 　　　　　　　　　　D. 18

34. Excel 工作表中，单元格 A1、A2、B1、B2 的数据分别是 5、8、20、"AA"，函数 AVERAGE(A1:B2)的值是（　　）。

A. AA 　　　　　　　　　　　B. 20

C. 11 　　　　　　　　　　　D. 8.25

35. Excel 函数 MIN(–5,0,"BBB",10,28)的值是（　　）。

A. –5 　　　　　　　　　　　B. 0

C. BBB 　　　　　　　　　　D. 28

36. Excel 函数的参数可以有多个，相邻参数之间可用（　　）分隔。

A. 逗号 　　　　　　　　　　B. 空格

C. 分号 　　　　　　　　　　D. /

37. Excel 应用程序中，以下关于公式在复制过程中的变化情况，正确的说法是（　　）。

A. 公式引用的相对地址相应地发生改变，其结果将改变

B. 公式引用的相对地址也相应地发生改变，其结果不变

C. 公式引用的绝对地址也相应地发生改变，其结果将改变

D. 公式引用的所有数据也相应地改变，其结果也改变

38. Excel 中，已知 A1 中有公式"=D2*$E3"，在 D 列和 E 列之间插入一空列，在第 2 行和第 3 行之间插入一空行，则 A1 的公式调整为（　　）。

A. D2*$F4 　　　　　　　　　B. D2*$E3

C. D3*$F4 　　　　　　　　　D. 都不对!

39. Excel 中，在一个单元格中输入一个公式时，应先输入（　　）。

A. < 　　　　　　　　　　　B. =

C. > 　　　　　　　　　　　D. ∨

40. 当函数或公式不正确时，将产生错误值（　　）。

A. NUM! 　　　　　　　　　B. #VALUE!

C. #NUM! 　　　　　　　　　D. #NAME?

41. 关于 Excel 函数的参数，下列说法错误的是（　　）。

A. 函数一定放在括号中 　　　B. 一个函数可以有多个参数

C. 有些函数可以没有参数 　　D. 一个函数只能有一个参数

42. 某 Excel 工作表中，只有 A1、A2、B1、B2、A3 这 5 个单元格有数据，前 4 个单元格的数据分别是 7、6、10、9，A3 为公式"A1+B$2"，将 A3 公式复制到 A4 单元格，A4 单元格的值应为（　　）。

A. 15 B. 6

C. 16 D. 17

43. 某学生成绩表中求有多少学生参加考试，采用函数应该是（　　）。

A. COUNT 函数 B. SUM 函数

C. AVERAGE 函数 D. ROUND 函数

44. 若在 A2 单元格中输入"=8^2"，则显示结果为（　　）。

A. 10 B. 16

C. 64 D. 8^2

45. 设 Excel 单元格 E2、F2、E3、F3 的值分别为 10、20、80、60，在 G2 中输入公式"=$E$2+$F$2"，当把 G2 的公式复制到 G3 中，G3 的值为（　　）。

A. 60 B. 30

C. 140 D. 80

46. 设 Excel 单元格 E2、F2、E3、F3 的值分别为 10、20、80、60，在 G2 中输入公式"=$E$2+F2"，当把 G2 的公式复制到 G3 中，G3 的值为（　　）。

A. 10 B. 70

C. 140 D. 80

47. 设 Excel 单元格 E2、F2、E3、F3 的值分别为 10、20、80、60，在 G2 中输入公式"=E2+$F$2"，当把 G2 的公式复制到 G3 中，G3 的值为（　　）。

A. 20 B. 70

C. 140 D. 100

48. 数据清单的分类汇总最多可用（　　）分类字段。

A. 3 个 B. 1 个

C. 2 个 D. 多个

49. 为了实现多字段的分类汇总，Excel 提供的工具是（　　）。

A. 数据分析 B. 数据地图

C. 数据列表 D. 数据透视表

50. 在 Excel 中，对数据列表分类汇总之前，必须进行（　　）操作。

A. 单元格式化 B. 数据筛选

C. 排序 D. 数据透视表的建立

51. 在一个数据列表中，为了查看满足部分条件的数据内容，最有效的方法是（　　）。

A. 采用数据筛选工具 B. 选中相应的单元格

C. 采用数据透视表工具 D. 通过宏来实现

52. 某单位要统计各科室人员工资情况，按工资从高到低排序，若工资相同，以工龄降序排列，则以下做法正确的是（　　）。

A. 主关键字为"工龄"，次关键字为"工资"，第三关键字为"科室"

B. 主关键字为"科室"，次关键字为"工资"，第三关键字为"工龄"

C. 主关键字为"工资"，次关键字为"工龄"，第三关键字为"科室"

D. 主关键字为"科室"，次关键字为"工龄"，第三关键字为"工资"

53. 为了取消分类汇总的操作，必须（　　）。

A. 在"分类汇总"对话框中单击"全部删除"按钮

B. 选择"开始"选项卡，在功能区的"单元格"组中单击"删除"按钮

　　　C.　按 Delete 键

　　　D.　以上都不可以

54.　以下（　　　）不是数据列表的特点。

　　　A.　表中不允许有空行或空列

　　　B.　表中每一列必须是性质相同、类型相同的数据

　　　C.　表中不能有完全相同的两行内容

　　　D.　表中要加边框和底纹

55.　若要按照多个条件对数据进行排序，则采用的排序方法是（　　　）。

　　　A.　简单排序　　　　　　　　　　　B.　高级排序

　　　C.　自定义排序　　　　　　　　　　D.　以上 3 种都可以

56.　在进行两次嵌套汇总时，关键的是（　　　）。

　　　A.　第 2 次汇总时不能选中"分类汇总"对话框中的"替换当前分类汇总"复选框

　　　B.　第 2 次汇总时先单击"升序"或"降序"按钮排序

　　　C.　第 2 次汇总时先把第 1 次的汇总结果复制出来

　　　D.　第 1 次汇总时先单击"升序"或"降序"按钮排序

57.　在 Excel 中，若需要将工作表中某列上大于某个值的记录挑选出来，应执行（　　　）。

　　　A.　排序命令　　　　　　　　　　　B.　筛选命令

　　　C.　分类汇总命令　　　　　　　　　D.　合并计算命令

58.　对于 Excel 的数据图表，下列说法中正确的是（　　　）。

　　　A.　独立式图表是将工作表数据和相应图表分别存放在不同的工作簿中

　　　B.　独立式图表与数据源程序工作表毫无关系

　　　C.　独立式图表是将工作表和图表分别存放在不同的工作表中

　　　D.　当工作表中的数据变动时，与它相关的独立式图表不能自动更新

59.　在 Excel 中，能够很好地表现一段时期内数据变化趋势的图表类型是（　　　）。

　　　A.　柱形图　　　　　　　　　　　　B.　折线图

　　　C.　饼图　　　　　　　　　　　　　D.　XY 散点图

60.　在 Excel 中，能够很好地通过扇形反映每个对象的一个属性值在总值当中比重大小的图表类型是（　　　）。

　　　A.　柱形图　　　　　　　　　　　　B.　折线图

　　　C.　饼图　　　　　　　　　　　　　D.　XY 散点图

4.3.2　填空题

　　1.　在 Excel 中，表示单元格地址时，工作表与单元格名之间必须使用＿＿＿＿＿＿符号分隔。

　　2.　在 Excel 中，函数 AVERAGE(3,5,7, ,5)的值是＿＿＿＿＿＿。

　　3.　在 Excel 中，单元格 A1 的值是 1，A2 的值是 2，A3 的值是 3，B1 中的公式是"=A1+A2"，选中 B1 复制至 B2，B2 显示的是＿＿＿＿＿＿。

　　4.　Excel 单元格中输入文本型数据，默认的对齐方式是＿＿＿＿＿＿。

　　5.　Excel 单元格中输入数值型数据，默认的对齐方式是＿＿＿＿＿＿。

第 4 章
填空题及参考答案

6. Excel 2016 工作簿文件的扩展名是＿＿＿＿＿＿＿。

7. 在 Excel 中，公式都是以＿＿＿＿＿＿符号开始的，后面由操作数和运算符构成。

8. 在 Excel 的函数中，＿＿＿＿＿＿函数可以计算汇总值。

9. 在 Excel 中，新建立的工作簿的名字在默认情况下是＿＿＿＿＿＿，它显示在标题栏上。

10. Excel 中，选中状态的单元格称为＿＿＿＿＿＿单元格。

11. 在 Excel 中，选定第 4 行～第 6 行，右击，在弹出的快捷菜单中选择"插入"命令后，插入了＿＿＿＿＿＿行。

12. 在 Excel 工作表的单元格 D6 中有公式"=$B$2+C6"，将 D6 单元格的公式复制到 C7 单元格内，则 C7 单元格的公式为＿＿＿＿＿＿。

13. 在 Excel 工作表中，单元格 D5 中有公式"=$B$2+C4"，删除第 A 列后 C5 单元格中的公式为＿＿＿＿＿＿。

14. 如果要删除分类汇总的显示结果，应在"分类汇总"对话框中单击＿＿＿＿＿＿按钮即可删除分类汇总。

15. 一个工作簿可以由多张工作表组成，新建的工作簿默认有＿＿＿＿＿＿张工作表。

16. 欲选择整张工作表，只要单击"全选"按钮即可。"全选"按钮位于工作表表格区域的＿＿＿＿＿＿。

17. "设置单元格格式"对话框中包含有＿＿＿＿＿＿、"对齐""字体""边框""填充"和"保护"共 6 个选项卡。

18. 公式中可使用的运算符包括数学运算符、＿＿＿＿＿＿和文字运算符。

19. 在分类汇总前必须对要分类的字段进行＿＿＿＿＿＿，否则分类无意义。

20. Excel 2016 是微软公司办公自动化软件＿＿＿＿＿＿的重要成员。

4.3.3　综合应用

【实验目的】

① 掌握工作簿的操作、工作表数据编辑、格式化操作等。

② 掌握函数和公式的使用。

③ 掌握数据管理。

④ 掌握根据数据创建和美化图表。

【实验内容】

① 在 D:\PCTrain 中打开 Excel 工作簿，选择 Sheet1 工作表，将 A1:G1 单元格合并为一个单元格，设置文字居中对齐。

② 利用函数和公式计算每个员工 A、B、C 三种产品的销售额（每种产品的单价见 Sheet1 工作表 I3:J6 单元格内容）。结果置于销售额列的 E3:E12 单元格区域（数值型，保留小数点后 1 位）。

③ 利用 RANK.EQ 函数计算每个员工销售额的排名置于 F3:F12 单元格区域（降序）。

④ 根据销售额利用 IF 函数完成计算每个员工的销售提成置于 G3:G12 单元格区域（数值型，保留小数点后 2 位，销售提成比例见 Sheet1 工作表 I9:J12 单元格区域）。

⑤ 选取 Sheet1 工作表"工号"列（A2:A12）、"销售额（万元）"列（E2:E12）、"销售提成（万元）"列（G2:G12）数据区域的内容建立"三维簇状条形图"，图表标题为"产品销售统计图"位于图表上方；图例位于图表上方；设置图表数据系列格式销售额为"纯色填充灰色，个性色 3，深色 50%"；将图表插入到当前工作表的 A15:F35 单元格区域内，将 Sheet1 工作表命名为"产品销售统计表"。

⑥ 选取"图书销售统计"工作表，对工作表内数据清单的内容按主要关键字经销部门的升序和次要关键字"图书类别"的降序进行排序，完成对各经销部门销售额平均值的分类汇总，汇总结果显示在数据下方，工作表名不变，保存 Excel 工作簿。

第 5 章　PowerPoint 演示文稿

5.1　训练目标

① 了解 PowerPoint 演示文稿软件的基本功能和 PowerPoint 2016 的新增功能；掌握 PowerPoint 的启动和退出方式；熟悉 PowerPoint 窗口组成和基本操作；理解演示文稿的组成和创建的步骤；掌握演示文稿各种视图的特点和切换方式。

② 了解通过样本模板和已有内容创建演示文稿；掌握演示文稿建立的基本过程；掌握利用"空演示文稿"和"主题"建立演示文稿；掌握幻灯片的插入、选取、复制、移动、删除、隐藏等操作。

③ 掌握在幻灯片中添加内容的方法，包括固定版式信息、图片、图标、影片、声音等内容的添加，掌握对文本和对象格式的设置。

④ 掌握幻灯片背景的设置；掌握主题的应用和更改（包括更改主题颜色、字体和效果）；掌握利用母版统一设置幻灯片格式；掌握幻灯片日期、页眉和页脚、编号的设置。

⑤ 掌握使用动画方案和自定义动画设置幻灯片对象动画，熟悉动画刷和触发动画的应用；掌握幻灯片切换动画的设置；掌握幻灯片的超链接的创建、修改和取消；掌握动作按钮的创建与超链接设置；掌握演示文稿放映方式的设置和放映的方法等。

⑥ 了解将演示文稿保存为 PDF 文档；了解将演示文稿保存为视频文件；掌握演示文稿的页面设置和打印设置；了解将演示文稿打包成 CD。

5.2　上机实验

实验素材 5-2-1
PowerPoint 基本操作

5.2.1　PowerPoint 基本操作

【实验目的】

① 掌握 PowerPoint 的启动和退出方法，了解演示文稿的组成。
② 掌握 PowerPoint 窗口的基本操作。
③ 掌握演示文稿视图方式的切换，观察不同视图方式下的窗口的变化。

实验视频 5-2-1
PowerPoint 基本操作

【实验内容和步骤】

（1）使用多种方法启动和退出 PowerPoint 应用程序。
（2）观察 PowerPoint 窗口组成，比较它与 Word 和 Excel 窗口的异同。

实验结果 5-2-1
PowerPoint 基本操作

（3）打开 D:\PCTrain\PPT\T1.1 文件夹中的演示文稿 PowerPoint1.pptx，效果如图 5.1 所示，对其进行如下操作：

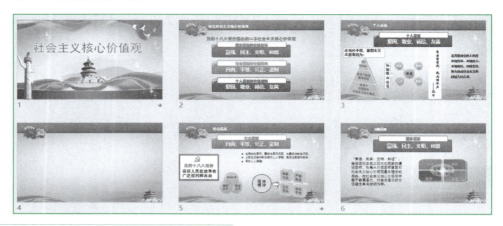

图 5.1
PowerPoint1.pptx
效果图示

① 浏览并观察演示文稿，回答下列问题：

❖ 演示文稿 PowerPoint1.pptx 由几张幻灯片组成?

❖ 列举演示文稿 PowerPoint1.pptx 中使用的版式。

❖ 列举每张幻灯片各包含的对象。

② 删除演示文稿中第 4 张幻灯片。

③ 更改第 1 张幻灯片的版式为"标题幻灯片"，在副标题文本框中输入用户的班级和姓名，如"汇报人：计算机 1 班 王明"。

④ 根据第 2 张幻灯片的顺序调整演示文稿中幻灯片的顺序。

⑤ 改变演示文稿的视图方式，观察不同视图方式下窗口显示的区别。

【思考】

不同视图分别适合于哪些操作?

（4）将修改后的演示文稿以"P511.pptx"为文件名另存在 D:\Try 中。

5.2.2　创建演示文稿

实验素材 5-2-2
创建演示文稿

实验视频 5-2-2
创建演示文稿

实验结果 5-2-2
创建演示文稿

【实验目的】

① 了解演示文稿的组成；掌握演示文稿的创建、打开、保存等基本操作。

② 掌握幻灯片的格式化，包括文本格式、段落格式、图形对象等格式设置。

【实验内容和步骤】

① 新建演示文稿，根据 D:\PCTrain\PPT\T1.2 文件夹中提供的图片和 Word 文档内的素材内容，制作演示文稿，效果如图 5.2 所示。

② 根据内容设置不同的幻灯片版式，适当修改文字格式和图片格式等。

③ 将演示文稿以"P521.pptx"为文件名另存在 D:\Try 中。

📖【提示】

在新建演示文稿后，按需要选好主题和版式后，打开素材文件采用复制和粘贴文本的方法完成文字的输入；图片对象一般采用插入图片的方法。

图 5.2
演示文稿 P521.pptx
效果图

5.2.3 幻灯片外观设置

【实验目的】

① 掌握幻灯片的外观设置，包括母版、应用设计模板、幻灯片配色方案、背景设置等。

② 掌握页眉和页脚、编号、页码的设置。

【实验内容和步骤】

1. 打开 **D:\PCTrain\PPT\T2\PowerPoint2.pptx** 演示文稿，如图 **5.3** 所示，完成以下操作。

实验素材 5-2-3
幻灯片外观设置

实验视频 5-2-3
幻灯片外观设置 1

实验视频 5-2-3
幻灯片外观设置 2

实验视频 5-2-3
幻灯片外观设置 3

实验结果 5-2-3
幻灯片外观设置

图 5.3
PowerPoint2.pptx
效果图

① 除标题幻灯片外，设置所有幻灯片标题对象格式为蓝色、48 磅、加粗、微软雅黑。

📖【提示】

设置第 1 张幻灯片标题对象格式后，利用格式刷完成其他幻灯片标题对象格式的设置。

② 设置标题幻灯片中的主标题字体格式为红色、66 磅、加粗、阴影、楷体，文本效果为"发光：5 磅，蓝色，主题色 1"。将 T2 中的图片文件"biaoti.jpeg"作为其背景图片。

📖【提示】

选择"设计"选项卡，在功能区的"自定义"组中单击"设置背景格式"按钮，在右侧弹出的"设置背景格式"窗格中选择"图片和纹理填充"选项，单击图片源下的"插入"按钮，在打开的对话框中，选择 biaoti.jpeg 图片，并设置偏移量（左：0%；右：0%；上：0%；下：0%）。

③ 将第 2 张幻灯片中的文本对象格式转换为 SmartArt 图形中的"垂直图片重点列表"，更改颜色为"彩色轮廓-个性色 1"；在图片区域依次插入 D:\PCTrain\PPT\T2 中名为 1、2、3、4 的图片文件。

④ 除标题幻灯片外，对每张幻灯片设置日期、页脚和幻灯片编号。在每张幻灯片的左下角设置显示幻灯片编号，编号从 2 开始；每张幻灯片日期内容显示为当前的日期；每张幻灯片页脚内容显示为"设计者：×××（姓名）"，如图 5.4 所示。

图 5.4
演示文稿.pptx 效果图

📖【提示】

设置显示幻灯片编号，在"插入"选项卡"文本"组中单击"页眉和页脚"按钮，在打开的"页眉和页脚"对话框中选中"日期和时间""幻灯片编号"和"页脚"复选框，在"页脚"文本框中输入要求输入的文字，在"日期和时间"选项区域中选中"自动更新"选项，单击"全部应用"按钮。在"设计"选项卡"自定义"组中单击"幻灯片大小"按钮，在下拉列表中选择"自定义幻灯片大小"选项，在打开的"幻灯片大小"

对话框中设置幻灯片编号起始值，单击"确定"按钮。

以上也可通过选择"视图"选项卡，在功能区的"母版视图"组中单击"幻灯片母版"按钮，在窗口中对日期区、页脚区和数字区进行字体设置，即是利用母版设置幻灯片的统一格式。还可以将域的位置移动到幻灯片的任意位置。在母版中选择相对应的幻灯片版式，在右上角插入所要求的图片等。

⑤ 将修改后的演示文稿以 P531.pptx 为文件名保存在 D:\Try 中。

2. 打开 D:\PCTrain\PPT\T3\PowerPoint3.pptx 演示文稿，完成如下操作。

① 选择"严寒"主题应用于演示文稿中。

② 设置演示文稿中的标题幻灯片的副标题对象格式为 54 磅、隶书、阴影。

③ 将修改后的演示文稿以 P532.pptx 为文件名保存在 D:\Try 中。

3. 打开 D:\PCTrain\PPT\T3\PowerPoint3.pptx 演示文稿，效果如图 5.5 所示，完成以下操作。

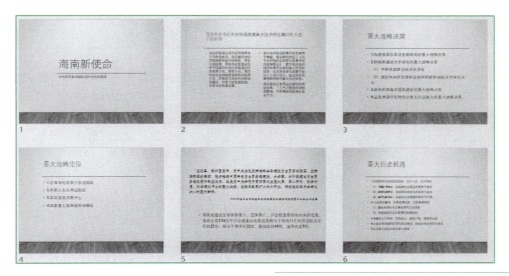

图 5.5
PowerPoint3.pptx
参考效果图

① 为演示文稿应用"画廊"主题，修改主题颜色为"气流"，根据自己的需要，选择合适的字体、字号进行设置，并应用于所有幻灯片。

② 选择合适的比例，修改幻灯片的大小。

📖【提示】

可对幻灯片的模板进行设置，从而完成快速、统一的更改。

③ 将演示文稿以 P533.pptx 为文件名，另存在 D:\Try 文件夹中。

5.2.4 动画和超链接

【实验目的】

① 掌握幻灯片内的动画设置，掌握幻灯片之间切换的动画设置。

② 掌握演示文稿超链接技术，包括"超链接"和"动作"命令以及"动作按钮"设置。

③ 掌握演示文稿的放映以及放映设置。

④ 掌握演示文稿的页面设置和打印设置。

【实验内容和步骤】

1. 打开 D:\PCTrain\PPT\T4\PowerPoint4.pptx 演示文稿，如图 5.6 所示，完成以下操作。

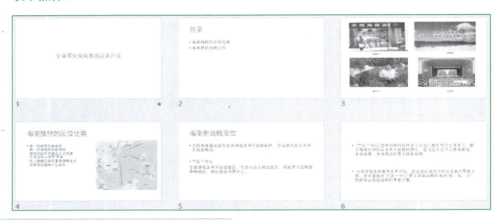

① 将标题幻灯片中标题对象格式设置为幼圆、黑色、54 磅，"飞入"动画效果。将 T4 下的 "title.jpg" 作为标题幻灯片的背景图。其他幻灯片设置文本对象大小格式为 32 磅，并改变原有的项目符号。

② 演示文稿中所有标题对象设置"缩放"进入的动画效果，设置"鼓掌"声音。所有文本对象设置"下画线"强调的动画效果，显示"上一动画之后"。

③ 第 3 张幻灯片所有对象的动画效果设置为"浮入"，并按照图片对应年份，按上一动画之后依次显示。

④ 幻灯片间统一设置"百叶窗"的切换动画效果，设置为风铃、持续时间 2 s、每隔 5 s 自动换页。

⑤ 应用超链接：以"目录"幻灯片中的文本内容为起点，分别链接到第 4 张和第 5 张幻灯片，要求通过文本进行超链接。

⑥ 创建第 4 张和第 5 张幻灯片到"目录"幻灯片"动作按钮"超链接，可适当设置动作按钮图标的形状样式等。

⑦ 放映设置：设置"观众自行浏览"的放映类型。

⑧ 将修改后的演示文稿以 P541.ppt 为文件名保存在 D:\Try 中。

2. 打开 D:\PCTrain\PPT\T5\PowerPoint5.pptx 演示文稿，如图 5.7 所示，完成以下操作。

① 在第 4 张幻灯片后面新建一个"仅标题"版式的幻灯片，标题输入"报名流程"。

② 在第 5 张幻灯片中，插入一个"基本流程"SmartArt 图形，并依次输入文字"学工处报名""确认坐席""领取资料""领取门票"。修改形状填充颜色为蓝色、绿色、紫色、红色，如图 5.7 所示。

图 5.7
"基本流程" SmartArt 图形

③ 对照第 2 张幻灯片的目录，将文本对象链接至对应幻灯片。

④ 为第 3 张～第 5 张幻灯片设置动作按钮，链接返回至第 2 张目录幻灯片，声音效果"微风"。

⑤ 为第 5 张幻灯片中 SmartArt 图形设置"飞入"动画效果。

⑥ 对第 3 张幻灯片中"主讲人：赵蕈"进行动作设置："鼠标悬停"链接到第 6 张幻灯片、设置"打字机"声音，隐藏第 6 张幻灯片。

⑦ 为全部幻灯片应用"帘式"切换效果，持续时间 2 s。

⑧ 将修改后的演示文稿以 P542.pptx 为文件名保存在 D:\Try 文件夹中。

5.2.5 PowerPoint 综合训练

【实验目的】

熟练掌握演示文稿的建立；外观设置，包括背景、主题和母版应用，以及页眉和页脚的设置；放映设置，包括动画、超链接和放映设置；掌握保存为不同类型的文件。

【实验内容和步骤】

1. 对 D:\PCTrain\PPT\T6\PPT-A1.pptx 演示文稿进行操作，并以 P551.pptx 为名保存于 D:\Try 文件夹中，操作结果如图 5.8 所示。

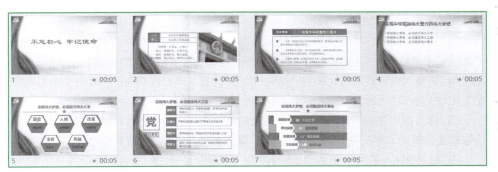

实验素材 5-2-5
PowerPoint 综合训练

实验视频 5-2-5
PowerPoint 综合训练 1

实验视频 5-2-5
PowerPoint 综合训练 2

实验视频 5-2-5
PowerPoint 综合训练 3

图 5.8
P551.pptx 效果图

① 在第 1 张幻灯片前插入一张标题幻灯片，主标题键入"不忘初心 牢记使命"，设置主标题字体格式为"隶书、72 磅、深红色"。

② 在第 3 张幻灯片后插入一张标题和内容幻灯片；标题对象的内容为"实现中华民族伟大复兴的伟大梦想"，设置字体格式为"微软雅黑、40 磅、加粗、深红色"在文本对象框中输入第 5 张～第 7 张幻灯片的标题作为其内容。

③ 对演示文稿中所有"标题"对象设置"缩放"进入动画效果。对演示文稿中所有

实验结果 5-2-5
PowerPoint 综合训练

幻灯片设置为"立方体（自左侧）"的切换效果，自动换页时间 5 s，并取消其他换页方式。

④ 根据幻灯片的内容创建链接：第 4 张到其他幻灯片使用"超链接"命令，其他幻灯片使用"动作按钮"能返回到第 4 张幻灯片。

📖【提示】

可创建一个返回按钮，设置好链接后，将其复制粘贴到其他需要的幻灯片中。

⑤ 设置幻灯片母版，使得每一张幻灯片左侧出现"T1.png"，左上角出现 "T2.png"，右上角出现"T3.png"，设置对齐至合适位置，并将"Beijing.jpg"图片作为背景。

⑥ 在除第 1 张幻灯片以外的所有幻灯片页脚处插入"制作人：×××"。

2．对 D:\PCTrain\PPT\T7\PPT-A2.pptx 演示文稿进行操作，并以 P552.pptx 为名保存于 D:\Try 文件夹中，操作结果如图 5.9 所示。

图 5.9
P552.pptx 效果图

① 选择主题"木材纹理"，应用于演示文稿中，设置全部幻灯片为"涟漪"切换效果，自动切换时间 5 s，设置幻灯片的大小为"宽屏（16∶9）"，放映方式为"观众自行浏览（窗口）"。

② 将第 1 张幻灯片主标题中的文字格式设置为"华文琥珀、加粗、60 磅"，副标题字体格式为"宋体、加粗、32 磅、蓝色"。

③ 在第 2 张幻灯片前插入一张版式为"标题和内容"的幻灯片，标题处输入"目录"，文本框中依次输入第 3～第 6 张幻灯片的标题，并添加相应幻灯片的超链接。

④ 将第 3 张幻灯片版式改为"标题和内容"，在文本框内插入一个 4 行 2 列的表格，参考 T7 内的"素材.docx"输入对应内容。

⑤ 修改第 4 张幻灯片的版式为"两栏内容"，将 T7 中的图片"p1.jpg"插入左侧，设置动画效果为"进入/飞入"，将"p2.jpg"插入右侧，图片动画效果为"进入/浮入"。

⑥ 修改第 5 张幻灯片文本框的项目符号，动画设置为"进入/缩放"，效果选项为"幻灯片中心"。

⑦ 修改第 6 张幻灯片的版式为"标题和内容"，在文本框中插入一个"垂直重点列表"SmartArt 图形，参考 T7 内的"素材.docx"输入相应内容，并设置动画为"进入/弹跳"。

3．参考 D:\PCTrain\PPT\T8 中的实训素材按以下要求完成操作，并以 P553.pptx 为名保存于 D:\Try 文件夹中，操作结果如图 5.10 所示。

① 新建一个名为 P553.pptx 的演示文稿，幻灯片包含 T8 文件夹中"素材.docx"文件

中的内容。

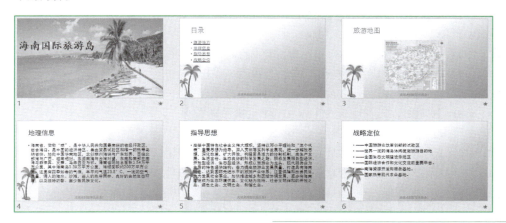

图 5.10
P553.pptx 效果

📖 【提示】

　　在"开始"选项卡下的"幻灯片"组中，单击"新建幻灯片"按钮，在其下拉列表中选择"幻灯片（从大纲）"选项，在弹出的"插入大纲"对话框中选择 T8 文件夹中的"素材.docx"文件，则自动导入相关内容。

　　② 第 1 张幻灯片版式改为"空白"，设置"海南国际旅游岛"的字体格式为 72 磅、加粗、黑色、楷体；文本框大小为高度 4 厘米、宽度 20 厘米；位置为水平 0.8 厘米，垂直 4 厘米，将 T8 文件夹中的图片"ppt1.jpg"作为背景图片。

　　③ 在第 1 张幻灯片后插入一张版式为"标题和内容"的幻灯片，标题键入"旅游地图"，内容区插入图片"ditu.jpg"，设置图片动画效果为"轮子-4 轮幅图案"，与上一动画同时，持续 2 s。

　　④ 在第 1 张幻灯片后插入一张版式为"标题和文本"的幻灯片，将 T8 文件夹中的图片"ppt1.jpg"作为背景图片。标题键入"目录"，根据其余幻灯片的标题键入文本框内容，并完成第 2 张～第 6 张相应幻灯片的超链接设置。

　　⑤ 设置全部幻灯片切换效果为"飞机-向右"，声音为"风铃"，持续时间 2 s，不选择任何换页方式，实现通过超链接进行换页。

　　⑥ 利用母版设置除标题幻灯片外的其余幻灯片背景格式为"渐变填充：顶部聚光灯-个性色 5"，类型为"线性"；在左下方插入"ppt2.jpg"图片，将图片置于底层，设置图片高度 8 厘米，宽度 5 厘米。

　　⑦ 除第 1 张幻灯片外，在每张幻灯片底部显示页脚"欢迎来到国际旅游岛"，并设置字体格式为"仿宋、加粗、20 磅、橙色"。

　　⑧ 保存该演示文稿，并导出"P533.pdf"文件，观察其异同之处。

5.3　课外训练

•5.3.1　选择题

　　1. PowerPoint 是一种（　　）。
　　　　A．数据库管理系统　　　　　　　　　B．电子数据表格软件

第 5 章
选择题及参考答案

C. 文字处理软件　　　　　　　　　　D. 幻灯片制作软件

2. 如要关闭演示文稿，但不想退出 PowerPoint，可以（　　　）。

    A. 关闭窗口

    B. 选择"文件"选项卡，单击其中的"关闭"按钮

    C. 选择"文件"选项卡，单击其中的"退出"按钮

    D. 单击窗口左上角的"控制菜单"按钮

3. 下列操作中，不是退出 PowerPoint 的操作是（　　　）。

    A. 按 Alt+F4 组合键

    B. 选择"文件"选项卡，单击其中的"关闭"按钮

    C. 选择"文件"选项卡，选择其中的"退出"选项

    D. 单击 PowerPoint 窗口左上角的"控制菜单"按钮

4. 下列关于在幻灯片中插入图表的说法错误是（　　　）。

    A. 只能通过插入包含图表的新幻灯片来插入图表

    B. 可以直接通过复制和粘贴的方式将图表插入到幻灯片中

    C. 需先创建一个演示文稿或打开一个已有的演示文稿，再插入图表

    D. 双击图表占位符可以插入图表

5. 退出 PowerPoint 2016 的正确操作方法是（　　　）。

    A. 选择"文件"选项卡，单击其中的"保存"按钮

    B. 选择"文件"选项卡，单击其中的"关闭"按钮

    C. 选择"文件"选项卡，单击其中的"退出"按钮

    D. 选择"文件"选项卡，单击其中的"发送"按钮

6. 退出 PowerPoint 软件的快捷键是（　　　）。

    A. Alt+F4　　　　　　　　　　　　B. Shift+F4

    C. Ctrl+F4　　　　　　　　　　　　D. F4

7. PowerPoint 的"链接"命令可（　　　）。

    A. 实现幻灯片之间的跳转　　　　　B. 实现演示文稿幻灯片的移动

    C. 中断幻灯片的放映　　　　　　　D. 实现在演示文稿中插入幻灯片

8. 下列选项中不是 PowerPoint 选项卡名称的是（　　　）。

    A. "常用"　　　　　　　　　　　　B. "帮助"

    C. "动画"　　　　　　　　　　　　D. "视图"

9. PowerPoint 中，在幻灯片的占位符中添加标题文本的操作在 PowerPoint 窗口的（　　　）区域。

    A. 幻灯片区　　　　　　　　　　　B. 状态栏

    C. 大纲区　　　　　　　　　　　　D. 备注区

10. PowerPoint 中的版式指的是（　　　）。

    A. 幻灯片的动画效果　　　　　　　B. 幻灯片的背景

    C. 幻灯片中所含对象的组成方案　　D. 幻灯片间的切换效果

11. 新建一个演示文稿时第 1 张幻灯片的默认版式是（　　　）。

    A. 两栏内容　　　　　　　　　　　B. 标题和内容

    C. 空白　　　　　　　　　　　　　D. 标题幻灯片

12. 演示文稿中每张幻灯片都是基于某种（   ）创建的，它预定义了新建幻灯片的各种占位符布局情况。

    A. 视图   B. 版式

    C. 母版   D. 模板

13. 在 PowerPoint 中，只有在（   ）视图下，超链接功能才起作用。

    A. 大纲   B. 幻灯片放映

    C. 幻灯片浏览   D. 普通

14. 幻灯片编辑（   ）下进行。

    A. 可在幻灯片放映方式   B. 只能在幻灯片视图方式

    C. 可在大纲视图方式   D. 可在备注页视图方式

15. 幻灯片一旦建立完成，其顺序就（   ）。

    A. 幻灯片放映视图可以调整   B. 在幻灯片视图下不能调整

    C. 不能调整   D. 在浏览视图下可调整

16. 在（   ）视图中可以对幻灯片进行移动、复制、排序等操作。

    A. 幻灯片放映   B. 幻灯片

    C. 幻灯片浏览   D. 备注页

17. 在 PowerPoint 中，需同时移动多个图片时，可先选取多个图片后进行（   ）。

    A. 组合   B. 取消组合

    C. 插入文本框   D. 插入对象

18. PowerPoint "视图" 这个名词表示（   ）。

    A. 一种图形   B. 显示幻灯片的方式

    C. 编辑演示文稿的方式   D. 一张正在修改的幻灯片

19. 在 PowerPoint 中，幻灯片通过大纲形式创建和组织（   ）。

    A. 标题和正文   B. 标题和图形

    C. 正文和图片   D. 标题、正文和多媒体信息

20. 在 PowerPoint 的各种视图中，侧重于编辑幻灯片的标题和文本信息的是（   ）。

    A. 普通视图   B. 大纲视图

    C. 阅读视图   D. 幻灯片浏览视图

21. 在 PowerPoint 中的幻灯片浏览视图下，要选定多张位置不相邻的幻灯片，要按住键盘上的（   ）键，同时用鼠标一次选择要选定的幻灯片。

    A. Ctrl   B. Alt

    C. Shift   D. Ctrl+Shift

22. 演示文稿设计模板文件的扩展名是（   ）。

    A. pptx   B. potx

    C. ppax   D. modx

23. 要在一个屏幕上同时显示两个演示文稿并进行编辑的实现方式是（   ）。

    A. 无法实现

    B. 打开一个演示文稿，选择 "开始" 选项卡，在 "幻灯片" 组中单击 "新建幻灯片" 按钮

    C. 打开两个演示文稿，选择 "视图" 选项卡，在 "窗口" 组中单击 "全部重排" 按钮

D. 打开两个演示文稿，选择"视图"选项卡，在"窗口"组中单击"层叠窗口"按钮

24. 在 PowerPoint 的 (　　　) 视图中，在同一窗口能显示多个幻灯片，并在幻灯片的下面显示它的编号。

    A. 大纲 　　　　　　　　　　　　　　B. 备注页

    C. 幻灯片浏览 　　　　　　　　　　　D. 幻灯片

25. 在演示文稿操作中，不能实现新增一个幻灯片的操作是 (　　　)。

    A. 插入超链接

    B. 选择"插入"选项卡，单击"新幻灯片"按钮

    C. 选择"编辑"选项卡，单击"复制"或"编辑"按钮再单击"粘贴"按钮

    D. 使用快捷菜单

26. 以下关于主题颜色的说法中正确的是 (　　　)。

    A. 使用幻灯片配色方案命令可以对幻灯片的各个部分重新配色

    B. 一组幻灯片只能采用一种配色方案

    C. 所有配色方案均是系统自带，用户不能自行更改或添加

    D. 上述 3 种说法全部正确

27. 在一张幻灯片中 (　　　)。

    A. 只能包括文字、图形和声音

    B. 只能包含文字信息

    C. 只能包含文字与图形信息

    D. 可以包含文字、声音、图形、影片等

28. PowerPoint 2016 中，有关创建表格的说法中，错误的是 (　　　)。

    A. 插入表格时要指明插入的行数和列数

    B. 在幻灯片中直接画表格

    C. 创建表格是从"插入"选项卡开始的

    D. 以上说法都不对

29. 在 PowerPoint 中，使用"开始"选项卡中"绘图"组中绘图工具上的按钮具有 (　　　) 的功能。

    A. 填充图形内颜色 　　　　　　　　B. 填充线条颜色

    C. 改变背景颜色 　　　　　　　　　D. 改变字体颜色

30. 幻灯片中占位符的作用是 (　　　)。

    A. 表示文本长度 　　　　　　　　　B. 限制插入对象的数量

    C. 表示图形大小 　　　　　　　　　D. 为文本、图形预留位置

31. 在一张纸上最多可以打印 (　　　) 张幻灯片。

    A. 3 　　　　　　　　　　　　　　　B. 6

    C. 8 　　　　　　　　　　　　　　　D. 9

32. 插入影片操作应该在"插入"选项卡中单击"(　　　)"按钮。

    A. 新幻灯片 　　　　　　　　　　　B. 图片

    C. 视频 　　　　　　　　　　　　　D. 特殊符号

33. 在 PowePoint 2016 中，添加 SmartArt 图形的操作方式是 (　　　)。

    A. 选择"插入"选项卡在功能区的"插图"组中单击"SmartArt"按钮

B. 选择"开始"选项卡，单击"图片"按钮

C. 选择"插入"选项卡在功能区的"图像"组中单击"SmartArt"按钮

D. 选择"设计"选项卡在功能区的"插图"组中单击"SmartArt"按钮

34. 在 PowePoint 中是通过（　　）的方式插入 Flash 动画的。

    A. 插入 ActivX 控件　　　　　　　　B. 插入视频

    C. 插入声音　　　　　　　　　　　　D. 插入插图

35. 在幻灯片页脚设置中，在讲义或备注的页面上存在的，而在用于放映的幻灯片页面上没有的是（　　）。

    A. 日期和时间　　　　　　　　　　　B. 幻灯片编号

    C. 页脚　　　　　　　　　　　　　　D. 页眉

36. 使用（　　）选项卡中的"设置背景格式"按钮改变幻灯片的背景。

    A. "设计"　　　　　　　　　　　　　B. "幻灯片放映"

    C. "工具"　　　　　　　　　　　　　D. "视图"

37. 幻灯片的主题不包括（　　）。

    A. 主题字体　　　　　　　　　　　　B. 主题颜色

    C. 主题动画　　　　　　　　　　　　D. 主题效果

38. 改变演示文稿外观可以通过（　　）。

    A. 修改主题　　　　　　　　　　　　B. 修改背景样式

    C. 修改母版　　　　　　　　　　　　D. 以上 3 种都可以

39. 可对母版进行编辑和修改的状态是（　　）。

    A. 母版状态　　　　　　　　　　　　B. 幻灯片视图状态

    C. 备注视图状态　　　　　　　　　　D. 浏览视图状态

40. 在 PowerPoint 中，有关母版标题样式的描述不正确的选项是（　　）。

    A. 母版标题样式不能在幻灯片编辑时修改

    B. 母版标题样式可以在幻灯片编辑时修改

    C. 母版标题样式可进入幻灯片母版重新设置

    D. 设置好的母版标题样式将成为幻灯片的默认标题样式

41. PowerPoint 2016 的母版视图有（　　）种类型。

    A. 4　　　　　　　　　　　　　　　　B. 3

    C. 5　　　　　　　　　　　　　　　　D. 6

42. 在 PowerPoint 中，用（　　）命令可给幻灯片插入编号。

    A. 选择"插入"选项卡，在功能区的"文本"组中单击"页眉和页脚"按钮

    B. 选择"视图"选项卡，单击"页眉和页脚"按钮

    C. 选择"视图"选项卡，单击"幻灯片编号"按钮

    D. 选择"开始"选项卡，单击"幻灯片编号"按钮

43. "动画"选项卡中不包括下列有关动画设置的选项（　　）。

    A. 触发　　　　　　　　　　　　　　B. 时间

    C. 动画排序　　　　　　　　　　　　D. 幻灯片切换

44. 自定义动画的操作应该在（　　）选项卡中进行。

    A. 编辑　　　　　　　　　　　　　　B. 视图

    C. 动画　　　　　　　　　　　　　　D. 工具

45. 要实现从一个幻灯片自动进入到下一个幻灯片，应使用幻灯片的（　　）设置。

    A. 幻灯片切换　　　　　　　　　　B. 动作设置

    C. 预设动画　　　　　　　　　　　D. 自定义动画

46. 若要超链接到其他文档，（　　）是不正确的。

    A. 选择"插入"选项卡，在功能区的"插图"组中单击"形状"按钮，在弹出的下拉菜单中选择"动作按钮"命令

    B. 选择"插入"选项卡，在功能区的"链接"组中单击"链接"按钮

    C. 先选择文本，右击，在弹出的快捷菜单中选择"超链接"命令

    D. 选择"插入"选项卡，单击"幻灯片（从文件）"按钮

47. 如果要从第 2 张幻灯片跳转到第 7 张幻灯片，应通过幻灯片的（　　）设置来实现。

    A. 自定义动画　　　　　　　　　　B. 幻灯片切换

    C. 预设动画　　　　　　　　　　　D. 超链接

48. 在演示文稿中，创建超链接的方法是（　　）。

    A. 使用"动画效果"　　　　　　　　B. 使用"动作按钮"

    C. 使用"幻灯片预览"命令　　　　　D. 使用模板

49. 如果要建立一个指向某一个程序的动作按钮，应该使用"动作设置"对话框中（　　）项。

    A. 无动作　　　　　　　　　　　　B. 运行程序

    C. 运行对象　　　　　　　　　　　D. 超链接到

50. 属于动作设置对话框中可以选择的执行动作方式有（　　）。

    A. 单击鼠标　　　　　　　　　　　B. 双击鼠标

    C. 按任意键　　　　　　　　　　　D. 按 Enter 键

51. （　　）可以结束幻灯片的放映。

    A. 选择"文件"选项卡，然后选择"退出"选项

    B. 选择"结束"选项卡，单击"放映"按钮

    C. 按 Enter 键

    D. 右击，在弹出的快捷菜单中选择"结束放映"命令

52. 在幻灯片放映中，要回到上一张幻灯片，错误的操作是（　　）。

    A. 按 Backspace 键　　　　　　　　B. 按 P 键

    C. 按 PageUp 键　　　　　　　　　D. 按 Space 键

53. 用户可以用最直接的方法来把自己的声音加入到 PowerPoint 演示文稿中，这是（　　）

    A. 录制旁白　　　　　　　　　　　B. 复制声音

    C. 磁带转换　　　　　　　　　　　D. 录音转换

54. 幻灯片放映过程中，右击，在弹出的快捷菜单中选择"指针选项→笔"命令，在讲解过程中可以进行写画，其结果是（　　）。

    A. 对幻灯片进行了修改

    B. 对幻灯片没有进行修改

    C. 写画的内容留在了幻灯片上，下次放映时还会显示出来

    D. 写画的内容可以保存起来，以便下次放映时显示出来

55. 一个演示文稿就是一个 PowerPoint 文件，其扩展名为（   ）。

    A. pptx   B. txt

    C. docx   D. xlsx

56. 欲设置幻灯片的大小，需进行的操作是（   ）。

    A. 选择"格式"选项卡，单击"边界设置"按钮

    B. 选择"设计"选项卡，单击"幻灯片大小"按钮

    C. 选择"文件"选项卡，单击"页面设置"按钮

    D. 选择"视图"选项卡，单击"边界设置"按钮

57. （   ）不是合法的"打印内容"选项。

    A. 幻灯片   B. 备注页

    C. 大纲   D. 幻灯片浏览

58. 演示文稿打包后，在目标盘片上产生一个名为（   ）的解包可执行文件。

    A. install.exe   B. setup.exe

    C. pngsetup.exe   D. preso.ppz

59. 若在另一台没有安装 PowerPoint 软件的计算机上放映演示文稿，则在制作时应该对演示文稿进行（   ）。

    A. 复制   B. 打印

    C. 粘贴   D. 打包

60. 以下说法不正确的是（   ）。

    A. 幻灯片间切换效果一定是针对整个演示文稿有效的

    B. 幻灯片中的对象可以有不同的动画效果

    C. 幻灯片的播放可从任意一张幻灯片开始

    D. 幻灯片的播放可按排练计时的时间进行

5.3.2　填空题

1. PowerPoint 2016 演示文稿的文件扩展名是_____。

2. PowerPoint 的大纲视图主要用于_____。

3. 仅显示演示文稿的文本内容，不显示图形、图像、图表等对象，应选择_____视图方式。

第 5 章
填空题及参考答案

4. 在幻灯片视图方式下使用_____选项卡中的"标尺"复选框，可显示或隐藏标尺。

5. 在 PowerPoint 中，可以对幻灯片进行移动、删除、复制、设置动画效果，但不能对单独的幻灯片的内容进行编辑的视图是_____。

6. 在 Powerpoint 中，执行插入新幻灯片的操作，被插入的幻灯片将出现在_____。

7. 若在幻灯片浏览视图中要连续选取多张幻灯片，应当在单击这些幻灯片时按住_____键。

8. 一个幻灯片内包含的文字、图形、图片等称为_____。创建新的幻灯片时出现的虚线框称为_____。

9. PowerPoint 演示文稿具有普通、大纲、幻灯片浏览、备注页和_____等视图方式。

10. PowerPoint 窗口中视图切换按钮有_____个。

11. 对于多个打开的演示文稿窗口，"页面设置"命令只对_____演示文稿进行格式设置。

12. 在 PowerPoint 中的幻灯片浏览视图下，按住 Ctrl 键并拖动某幻灯片，可以完成_____操作。

13. PowerPoint 2016 模板的文件扩展名为_____。

14. 在 PowerPoint 2016 中，能规范一套幻灯片的背景、图像、色彩搭配的是_____。

15. 在 PowerPoint 2016 中，超链接可以跳转到现有文件或_____、其他文件对象、当前演示文稿中的特定幻灯片、电子邮件地址或 _____上。

16. 在 PowerPoint 2016 中，为每张幻灯片设置放映时的切换方式，应使用_____选项卡。

17. 在"页眉和页脚"对话框中设置幻灯片编号，将放置到幻灯片的_____中。

18. 当放映类型设置_____时，系统默认为当播放到最后一张幻灯片时自动重新播放第 1 张幻灯片，直至用户按下_____键后才会退出放映状态。

19. 在 PowerPoint 中直接按_____键，即可放映演示文稿；若希望在放映过程中退出幻灯片放映，则随时可以按下的终止键是_____。

20. 在打印演示文稿时，在一页纸上能包括几张幻灯片缩图的打印内容称为_____。

5.3.3　综合应用

制作一个自我介绍演示文稿，要求如下：

① 内容包括基本信息、学习现状、兴趣爱好、优点展示、不足自省、远大理想等，更多内容不限。

② 使用主题美化和统一每张幻灯片的风格。

③ 演示文稿至少包含背景音乐、动画、切换效果、文本、图片等元素，更多不限。

④ 为相关内容设置合适的超链接。

⑤ 设置演示文稿的页面、页脚、页码和日期，格式自主设计。

⑥ 使用排练计时进行播放计时。

⑦ 保存文件，文件名为本人学号姓名。

注：演示文稿内容不要求真实，以制作美观和内容丰富为目的。

第 6 章　计算机网络基础

6.1　训练目标

　　① 理解计算机网络的定义，了解计算机网络的发展历程；理解计算机网络的基本组成及计算机网络的功能；理解计算机网络的 4 种分类方法；了解计算机网络的总线型、星型、环型、树型、网状型及混合型 6 种拓扑结构形式；理解计算机网络的体系结构；理解网络协议、OSI 参考模型、TCP/IP 协议；理解数据通信中的基本概念，了解传输介质的种类；了解数据通信的 3 种重要技术：调制解调技术、多路复用技术和数据交换技术。

　　② 了解网络接入的 3 种方式，如局域网接入、无线接入及移动网络接入。理解局域网的定义从功能性和技术性两方面进行的描述；理解局域网的主要特点，如覆盖范围有限、数据传输速率高、易于建立、维护和扩展；理解局域网的多种分类方法；了解局域网的构成及主要设备；掌握局域网组网的步骤：网络规划、布线、线缆制作、网卡安装和配置等；掌握设置 IP 地址、网关及 DNS 的方法。理解无线局域网的定义及主要特点，了解接入无线局域网的组网设备，掌握接入无线局域网的系统设置。了解移动网络中 4G 技术与 5G 技术的概念及各自的特点。

　　③ 了解 Internet 的发展历程；了解 Internet 的主要信息服务；理解 Internet 的两种地址表示方式，如 IP 地址和域名地址；了解 IPv6 技术的基本概念，理解 IPv6 报文结构以及 IPv6 地址的表示方法。

　　④ 了解收发电子邮件的工作原理，掌握申请电子邮箱的方法，会收发电子邮件；掌握常用的搜索引擎使用技巧；了解并掌握常用的网络应用软件。

6.2　上机实验

6.2.1　设置共享文件夹

【实验目的】

　　① 掌握同步工作组的设置方法。
　　② 掌握设置共享文件夹的操作方法。

【实验内容和步骤】

1. 设置同步工作组

实验视频 6-2-1
设置共享文件夹 1

① 设置共享文件夹的前提是各计算机的工作组名称一致，因此右击桌面上的"此电脑"图标，在弹出的快捷菜单中选择"属性"命令，在打开的"系统"对话框的"计算机名称、域和工作组设置"选项区域中，单击"更改设置"按钮。

② 在"计算机名"的选项卡中单击"更改"按钮，在弹出的"计算机名/域更改"对话框中输入唯一的计算机名及同一工作组名。

③ 重启计算机使更改生效。

实验视频 6-2-1
设置共享文件夹 2

2. 更改共享设置

① 在桌面"网络"图标上右击，在弹出的快捷菜单中选择"属性"命令，在弹出的"网络和共享中心"窗口中单击"更改高级共享设置"超链接。

② 在打开的窗口中启用"网络发现""文件和打印机共享""公用文件夹共享"，"密码保护的共享"部分则请选择"关闭密码保护共享"选项。

③ 单击"保存更改"按钮。

3. 共享文件夹的操作

实验视频 6-2-1
设置共享文件夹 3

① 在 D 盘上选取某个文件夹，右击，在弹出的快捷菜单中选择"属性"命令，打开文件夹"属性"对话框。

② 在该对话框中选择"共享"选项卡，单击"高级共享"按钮，选中"共享此文件夹"复选框，设置共享名与共享权限选项，还可以设置同时共享的用户限制数量。

③ 文件夹共享权限的意义：读取（只读属性）、更改（可读写属性）和完全控制（可进行读写等权限很大的有关操作）。

> 【思考】
>
> 如何访问共享文件夹？

● 6.2.2　Internet 信息浏览与检索

【实验目的】

① 掌握 Microsoft Edge 浏览器有关设置操作。

② 掌握 Internet 信息保存及 Internet 信息资源的搜索。

实验视频 6-2-2
Internet 信息浏览与检索

【实验内容和步骤】

① 访问网站：双击 Microsoft Edge 浏览器图标，在打开的浏览器窗口的地址栏中输入http://dangshi.people.com.cn/，打开"党史学习教育官网"主页，并通过超链接访问其他页面进行浏览。

② 使用收藏夹：单击浏览器地址栏右侧的 ⭐ 按钮，可将该网址加入收藏夹，方便下次再打开浏览器时，直接选择收藏的网址访问网站。

③ 下载图片：访问党史学习教育官网主页，选择一张图片，右击，在弹出的快捷菜单中选择"图片另存为"命令，在打开的"另存为"对话框中以 picture.jpg 为名将图片保存在 D:\PCTrain 文件夹中。

④ 设置浏览器：单击浏览器工具栏右侧的"设置及其他"按钮…，或者使用快捷键 Alt+X，在快捷菜单中选择"设置"命令，在"常规"页面中将主页设置为 http://www.baidu.com。设置下载保存的位置，将其更改为 D:\PCTrain。

⑤ 信息资源检索：打开设置好的百度搜索引擎主页，在搜索文本框中输入"新冠疫情"，单击"百度一下"按钮进行搜索，观察搜索结果的数量和类型。接下来在搜索文本框中输入"新冠疫情 OR 抗疫精神"，观察结果。

【思考】

如何下载软件？

6.2.3 E-mail 邮箱申请和使用

【实验目的】

① 掌握发送电子邮件的方法。

② 掌握接收电子邮件、下载附件的方法。

【实验内容和步骤】

（1）E-mail 邮箱申请

① 启动 Microsoft Edge 浏览器，输入网易邮件中心网址http://mail.163.com，按 Enter 键。

② 根据相关提示，完成一个免费邮箱的注册。

（2）邮件收发（注意邮件的格式，包括收件人、抄送、主题、内容等）

① 给同班同学发一封电子邮件，主题为"问候"，并附上一张图片（附件）。

② 给计算机任课老师发一封电子邮件，内容为你对学习计算机的体会和教学意见、建议，主题为"（姓名）学习体会"（E-mail 收件地址向老师索取）。

【思考】

如何发送附件？能否发送文件夹？

📖【提示】

在撰写邮件时，可利用附件来发送本机的文件，但是，文件夹是不能发送的。解决方法是先把文件夹压缩成压缩文件，然后再发送。

实验视频 6-2-3
E-mail 邮箱申请和
使用

6.3 课外训练

6.3.1 选择题

第 6 章
选择题及参考答案

1. 从网络的逻辑功能进行分类，计算机网络可分为（　　　）。

    A. 通信子网和资源子网　　　　　　B. 通信子网和公众网

    C. 资源子网和局域网　　　　　　　D. 局域网和广域网

2. WAN 和 LAN 是两种计算机网络的分类，前者（　　　）。

    A. 不能实现大范围内的数据资源共享

    B. 可以涉及一个城市，一个国家甚至全世界

  C.　只限于十几公里内，以一个单位或一个部门为限

  D.　只能在一个单位内管理几十台到几百台计算机

3.　Hub 的中文名称是（　　）。

  A.　集线器   B.　网卡

  C.　交换机   D.　路由器

4.　计算机网络最基本的功能是（　　）。

  A.　资源共享   B.　分布式处理

  C.　数据通信   D.　集中管理

5.　传输介质分为有线介质和无线介质，以下不属于无线介质的是（　　）。

  A.　光纤   B.　微波

  C.　红外线   D.　卫星通信

6.　Internet 的前身（　　）是美国国防部高级研究计划局于 1968 年主持研制的，它是用于支持军事研究的实验网络。

  A.　NFS net   B.　ARPA net

  C.　DEC net   D.　TALK net

7.　不同计算机或网络之间通信，必须（　　）。

  A.　使用相同的协议   B.　安装相同的操作系统

  C.　使用有线介质   D.　使用相同的连网设备

8.　环型拓扑结构的优点是（　　）。

  A.　网络结构简单   B.　组网容易

  C.　传输距离远   D.　以上都是

9.　故障诊断和隔离比较容易的一种网络拓扑是（　　）。

  A.　总线型拓扑

  B.　星型拓扑

  C.　环型拓扑

  D.　以上 3 种网络拓扑的故障诊断和隔离一样容易

10.　计算机网络按其覆盖的范围，可划分为（　　）。

  A.　电路交换网和分组交换网   B.　以太网和移动通信网

  C.　星状结构、环状结构和总线结构 D.　局域网、城域网和广域网

11.　计算机网络的目的是（　　）。

  A.　广域网与局域网连接   B.　网上计算机之间通信

  C.　计算机之间互通信息并连上因特网 D.　计算机之间硬件和软件资源的共享

12.　计算机网络的最大优点是（　　）。

  A.　加快计算   B.　共享资源

  C.　增大容量   D.　节省人力

13.　计算机网络间相互通信，一定要有一个通信规范来约定，这个约定是（　　）。

  A.　网络协议   B.　信息交换方式

  C.　传输装置   D.　分类标准

14.　网络协议中的关键要素不包括（　　）。

  A.　语法   B.　语义

  C.　时序   D.　结构

15. 计算机网络系统中的每台计算机都是（　　）。

    A. 各自独立的计算机系统　　　　　　B. 相互控制的

    C. 相互制约的　　　　　　　　　　　D. 毫无关系的

16. 在计算机网络中，通常把提供并管理共享资源的计算机称为（　　）。

    A. 网关　　　　　　　　　　　　　　B. 服务器

    C. 工作站　　　　　　　　　　　　　D. 网桥

17. 实现计算机网络需要硬件和软件，其中，负责管理整个网络各种资源、协调各种操作的软件称为（　　）。

    A. OSI　　　　　　　　　　　　　　B. 网络应用软件

    C. 通信协议软件　　　　　　　　　　D. 网络操作系统

18. 在 OSI 参考模型中，实际传输信息流的是（　　）。

    A. 传输层　　　　　　　　　　　　　B. 网络层

    C. 链路层　　　　　　　　　　　　　D. 物理层

19. 在 OSI 参考模型中，不属于通信子网的是（　　）。

    A. 传输层　　　　　　　　　　　　　B. 网络层

    C. 链路层　　　　　　　　　　　　　D. 物理层

20. TCP/IP 协议模型中，在应用层进行的协议是（　　）。

    A. SMTP　　　　　　　　　　　　　B. FTP

    C. Telnet　　　　　　　　　　　　　D. 以上都是

21. OSI 的 7 层模型中，最底下的（　　）层主要通过硬件来实现，其余则通过软件来实现。

    A. 3　　　　　　　　　　　　　　　B. 1

    C. 2　　　　　　　　　　　　　　　D. 4

22. 数据通信技术包含（　　）。

    A. 调制解调技术　　　　　　　　　　B. 多路复用技术

    C. 数据交换技术　　　　　　　　　　D. 以上都是

23. （　　）是实现数字信号和模拟信号转换的设备。

    A. 网络线　　　　　　　　　　　　　B. 网卡

    C. 调制解调器　　　　　　　　　　　D. 都不是

24. 进行网络互联，当总线网的网段已超过最大距离时，可利用（　　）来延伸。

    A. 网桥　　　　　　　　　　　　　　B. 路由器

    C. 中继器　　　　　　　　　　　　　D. 网关

25. 下列网络属于广域网的是（　　）。

    A. 企业内部网　　　　　　　　　　　B. Internet

    C. 校园网　　　　　　　　　　　　　D. 以上网络都不是

26. 校园网属于（　　）。

    A. 电路交换网　　　　　　　　　　　B. 广域网

    C. 城域网　　　　　　　　　　　　　D. 局域网

27. 在以下 4 种答案中，属于计算机网络的主要组成部分之一的是（　　）。

    A. 图形卡　　　　　　　　　　　　　B. 声卡

    C. 网络适配器　　　　　　　　　　　D. 电影卡

28. 影响计算机网络的因素很多，用户面临的最大威胁的是（　　　）。
    A. 网络软件的漏洞和"后门"　　　　　B. 人为的无意失误
    C. 人为的恶意攻击　　　　　　　　　D. 以上答案都不正确

29. 在下列传输介质中，抗干扰能力最强的是（　　　）。
    A. 同轴电缆　　　　　　　　　　　　B. 微波
    C. 光纤　　　　　　　　　　　　　　D. 双绞线

30. 以下选项中正确的 IPv6 的地址格式是（　　　）。
    A. X;X;X;X;X;X;X;X　　　　　　　　B. X:X:X:X:X:X:X:X
    C. X\X\X\X\X\X\X\X　　　　　　　　D. X,X,X,X,X,X,X,X

31. 组建一个局域网不是必须要准备的硬件是（　　　）。
    A. 网线　　　　　　　　　　　　　　B. 网卡
    C. 打印机　　　　　　　　　　　　　D. 集线器

32. 因特网中最基本的 IP 地址分为 A、B、C 3 类，C 类地址的网络号占（　　　）个字节。
    A. 1　　　　　　　　　　　　　　　B. 2
    C. 3　　　　　　　　　　　　　　　D. 4

33. B 类 IP 地址的子网掩码一般为（　　　）。
    A. 255.255.0.0　　　　　　　　　　B. 255.255.255.0
    C. 255.0.0.0　　　　　　　　　　　D. 255.255.0.255

34. IP 地址由（　　　）位二进制数组成。
    A. 16　　　　　　　　　　　　　　　B. 4
    C. 8　　　　　　　　　　　　　　　D. 32

35. 因特网是计算机和通信两大现代技术相结合的产物，它的核心是（　　　）。
    A. 拓扑结构　　　　　　　　　　　　B. TCP/IP 协议
    C. UDP 协议　　　　　　　　　　　　D. 网络操作系统

36. 在电子邮件地址中，不能少的一个字符是（　　　）。
    A. *　　　　　　　　　　　　　　　B. M
    C. @　　　　　　　　　　　　　　　D. %

37. 为了保证提供服务，Internet 上的任何一台物理服务器（　　　）。
    A. 只能提供一种信息服务　　　　　　B. 必须具有单一的 IP 地址
    C. 必须具有域名　　　　　　　　　　D. 不能具有多个域名

38. 我国最早接入 Internet 的单位是（　　　）。
    A. 中国科学院网络中心　　　　　　　B. 中国科学院高能物理研究所
    C. 原中国公用信息网　　　　　　　　D. 国家教育委员会的教育网

39. IPv4 报文的首部长度固定值为（　　　）字节。
    A. 18　　　　　　　　　　　　　　　B. 40
    C. 4　　　　　　　　　　　　　　　D. 20

40. 下面不是 Internet 的服务的是（　　　）。
    A. 交互式服务
    B. 基于电子邮件的服务，如新闻组、电子杂志等
    C. Telnet 服务

    D. FTP 服务

41. 下面关于域名内容正确的是（　　　）。

    A. ac 代表美国，gov 代表政府机构

    B. cn 代表中国，gov 代表政府机构

    C. cn 代表中国，gov 代表科研机构

    D. uk 代表中国，edu 代表科研机构

42. 向中国因特网管理中心申请域名，其域名以（　　　）结尾。

    A. cn   B. com

    C. edu   D. net

43. 信息高速公路传送的是（　　　）。

    A. 十进制数据   B. 多媒体信息

    C. ASCII 码数据   D. 系统软件与应用软件

44. 在 Internet 中一般域名中（如 tech.Hainnu.edu.cn）依次表示的含义是（　　　）。

    A. 主机名、网络名、机构名和最高层域名

    B. 用户名、主机名、机构名和最高层域名

    C. 用户名、单位名、机构名和最高层域名

    D. 网络名、主机名、机构名和最高层域名

45. Internet 的 3 项主要服务项目的英文缩写是（　　　）。

    A. ISP, Hub, BBS   B. Web, LAN, HTML

    C. E-mail, FTP, WWW   D. TCP/IP, FTP, PPP/SLIP

46. 常见的网络接入技术有（　　　）。

    A. 局域网接入   B. 无线接入

    C. 移动网络接入   D. 以上都是

47. 域名与 IP 地址一一对应，Internet 是靠（　　　）完成这种对应关系的。

    A. PING   B. DNS

    C. TCP   D. IP

48. Web 上每一个页都有一个独立的地址，这些地址称为统一资源定位器，即（　　　）。

    A. HTTP   B. URL

    C. WWW   D. USL

49. WWW 即 World Wilde Web，经常称它为（　　　）。

    A. 局域网   B. 万维网

    C. 世界网   D. 邮件网

50. 目前广泛使用的一种收发电子邮件的软件是（　　　）。

    A. IE   B. Mosiac

    C. Outlook Express   D. FrontPage

51. 所有 E-mail 地址的通用格式是（　　　）。

    A. 用户名#主机域名   B. 主机域名@用户名

    C. 用户名@主机域名   D. 主机域名#用户名

52. 要进入某一网页，可在浏览器的地址栏中输入该网页的（　　　）。

    A. 实际的文件名称   B. 只能是 IP 地址

    C. 只能是域名   D. URL

53. 当浏览器标题栏显示"脱机工作"时，则表示（　　　）。

    A．浏览器只搜寻本机资源　　　　　　B．计算机没有开机

    C．计算机没有连接互联网　　　　　　D．以上均不对

54. 浏览器的收藏夹中存放的是（　　　）。

    A．用户收藏的网页的链接

    B．用户收藏的网页的全部内容

    C．用户收藏的网页的部分内容

    D．用户既可以收藏网页的内容又可以收藏网页的链接

55. 下列不属于电子邮件信头内容的是（　　　）。

    A．附件　　　　　　　　　　　　　　B．收信人

    C．抄送　　　　　　　　　　　　　　D．主题

56. 下列叙述中，错误的是（　　　）。

    A．向对方发送电子邮件时，并不要求对方一定处于开机状态

    B．发送电子邮件时，一次发送操作只能发给一个接收者

    C．接收了电子邮件时，接收方无需了解对方的具体邮件地址就能发回邮件

    D．使用电子邮件的首要条件是拥有一个电子邮箱

57. 超文本又称为超媒体，是因为（　　　）。

    A．该文本中包含有可执行文件的文本信息

    B．该文本中包含文本信息

    C．该文本中有链接到其他文本的链接点

    D．该文本中包含声音、图像等多媒体信息

58. 在电子邮件中，用户（　　　）。

    A．在邮件上不能附加任何文件

    B．可以同时传送声音文本和其他多媒体信息

    C．只可以传送文本信息

    D．不可以传送声音文件夹

59. 搜索引擎在查询结果中就可以只有 computer，或只有 book，或同时包含 computer 和 book，应该用（　　　）查询关键字。

    A．computer-book　　　　　　　　　B．computer+book

    C．computer OR book　　　　　　　　D．computer ? Book

60. 通过搜索引擎搜索相关信息时，可采用关键字搜索的方式。使用（　　　）符号，可以实现精确的搜索。

    A．双引号　　　　　　　　　　　　　B．加号

    C．减号　　　　　　　　　　　　　　D．感叹号

6.3.2　填空题

1. 计算机网络最主要的功能是_____和_____。

2. 计算机网络分类方法有很多种，如果从覆盖范围来分，可以分为_____、城域网和局域网。

3. 局域网的拓扑结构主要有星型、_____、总线型和树型 4 种。

4. 计算机网络的功能有_____、_____、分布式处理和集中管理。

5. 计算机网络可分为通信子网和_____。

6. 数据通信有 3 种重要的技术，即调制解调技术、_____和_____。

7. OSI 参考模型中的最高一层是_____。

8. 在 OSI 的 7 层参考模型中，工作在第 2 层上的网间连接设备是_____。

9. 根据通信线路上传送信号的类型，可将数据通信分为模拟通信和_____。

10. 常见的网络连接设备有_____、_____、_____和_____。

11. 传输介质是网络中结点之间的物理通路，常见的有双绞线、_____和光纤。

12. 在 Internet 中用于文件传输的服务是_____。

13. Internet 中采用的标准网络协议是_____。

14. IP 地址采用分层结构，由_____、_____和_____三部分组成。

15. IPv6 有两种自动设定功能，分别是_____和_____。

16. IPv6 地址有 3 种格式，冒号十六进制格式、_____和_____。

17. Internet 中某主机的二级域名为 edu，表示该主机属于_____。

18. 无线上网是指使用无线连接的互联网登录方式，它使用_____作为数据传送的媒介。

19. E-mail 地址中 "@" 后的字符串就是一个_____服务器名称。

20. 在一个 URL：http://www.hc.edu.cn/index.htm中的www.hc.edu.cn是指_____。

第 7 章 多媒体技术基础

7.1 训练目标

① 了解媒体概念和多媒体基础技术所包含的内容；了解多媒体系统的分类，理解多媒体软件系统和硬件系统的组成；了解多媒体技术应用领域。

② 了解多媒体个人计算机及其配置分类；熟悉多媒体常用的存储设备及其分类方式；熟悉常用的多媒体输入/输出设备。

③ 理解音频的概念及相关常识，掌握音频处理软件的基本操作；理解图像的概念及相关常识，掌握图像处理软件的基本操作；理解动画的概念及相关常识，掌握动画制作软件的基本操作；理解视频的概念及相关常识，掌握视频处理软件的基本操作；了解媒体数据压缩基础知识，压缩过程和压缩的分类，以及常用的压缩编码，压缩编码的常用指标，多媒体音频压缩标准，图像压缩标准，运动图像和视频压缩标准。

7.2 上机实验

7.2.1 多媒体应用系统的创作

【实验目的】

① 理解图像的概念及相关常识。
② 掌握图像处理软件的基本操作。
③ 理解动画的概念及相关常识。
④ 掌握动画制作软件的基本操作。

【实验内容】

1. 证件照的制作

① 启动 Photoshop 软件，单击"新建"按钮，打开"新建项目"对话框，在"预设详细信息"中将"未标题-1"名称改为"1 寸证件照"，将宽×高设置为 12.7 厘米×8.89 厘米，分辨率为 300 像素/英寸，颜色模式为"CMYK 模式"，颜色深度"8 位"，背景颜色为"白色"，如图 7.1 所示。

实验素材 7-2-1
多媒体应用系统的
创作 1

图 7.1
创建证件照

实验视频 7-2-1
多媒体应用系统的
创作 1

并按要求设置保存位置，单击"确定"按钮，创建一个名为"1 寸证件照"的图像文档，并保存（保存到 D:\Try\ Multimedia 文件夹中）。

② 用 Photoshop 打开素材文件夹（D:\PCTrain\Multimedia）下的"7.2 证件素材"，如图 7.2 所示。

③ 使用裁剪工具，选择合适的图像区域设置裁剪类型为"宽×高×分辨率"，并设置宽为 2.5 厘米，高为 3.5 厘米，分辨为 300 像素/英寸，并按 Enter 键确定，如图 7.3 所示。

图 7.2
证件素材

图 7.3
裁剪素材

📖【提示】

1 寸照片的尺寸为 2.5 厘米×3.5 厘米，300 像素/英寸是为了打印清晰。而打印相纸的尺寸为 12.7 厘米×8.89 厘米（5 寸冲印尺寸纸）。

④ 选择"选择"→"全选"菜单命令（或者按 Ctrl+A 快捷键），然后选择"编辑"→"拷贝"菜单命令（或者按 Ctrl+C 快捷键），返回到"1 寸证件照"的图像文档下选择"编辑"→"粘贴"菜单命令（或者按 Ctrl+V 快捷键），结果如图 7.4 所示。

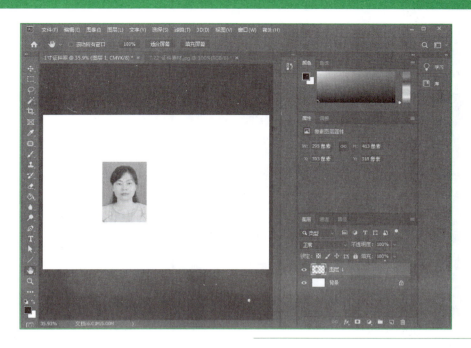

图 7.4
粘贴剪辑后的素材

⑤ 在图层面板中，按住左键将证件照所在的"图层 1"拖动到下面的"新建图层"  选项上松开（也可以在"图层 1"上右击，在弹出的快捷菜单中选择"复制图层"命令），如图 7.5 所示。

⑥ 重复第⑤步操作，直至复制出 4 张证件照，然后用移动工具将 4 张证件照移动到适合位置，如图 7.6 所示。

图 7.5
复制图层

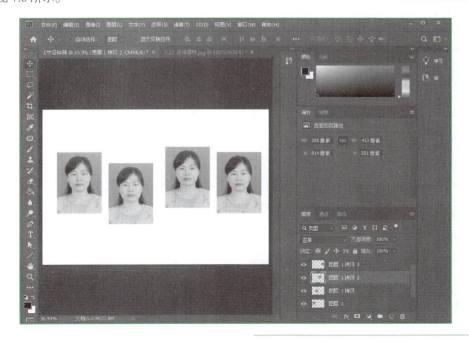

图 7.6
移动图层

⑦　按住 Shift 键不放，分别选择 4 张证件照所在的图层后，再松开 Shift 键。然后在工具栏单击"排列"组中的"顶对齐"　按钮和"水平分布"按钮　（选择移动工具才会看到排列命令按钮），然后将 4 张图移到画布的上半部分，如图 7.7 所示。

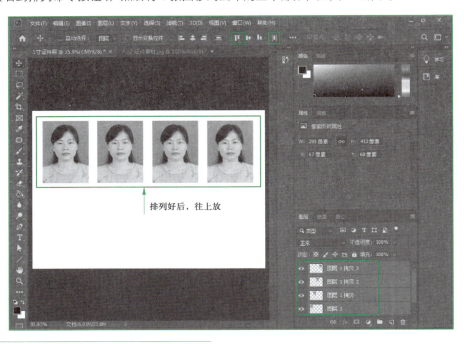

图 7.7
排列图层

⑧　保持 4 个证件照图层处在选中状态，选择"图层→合并图层"菜单命令（或者按快捷键 Ctrl+E），重复第⑤步操作，复制出另一个带 4 个证件照的图层，用移动工具往下拖放，如图 7.8 所示。

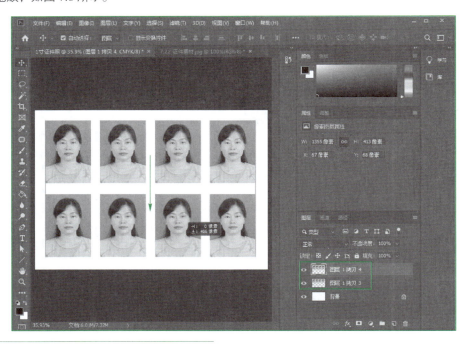

图 7.8
合并复制图层

⑨ 选择"文件→存储"菜单命令，保存文件。结果参考"1 寸证件照.psd"文件。同时选择"文件→存储为"菜单命令，选择保存格式为"JPEG"格式，保存文件（保存到实验相应文件夹中），如图 7.9 所示。

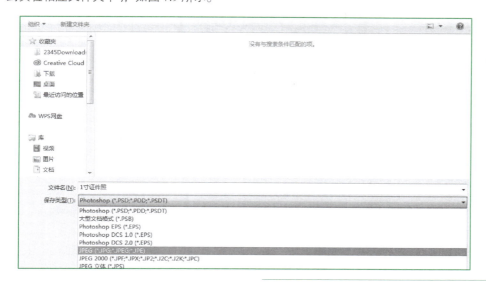

实验结果 7-2-1
多媒体应用系统的
创作 1

图 7.9
保存

📖【提示】

保存的 PSD 格式是原文件，可以用于以后的修改和重新设计，JPEG 格式是结果文件，占用存储小，但不便于修改。

2. 火箭飞行动画

① 启动 Animate 软件，按提示操作选择"高清 1280×720"的项目（保存到实验相应文件夹中），如图 7.10 所示。

实验素材 7-2-1
多媒体应用系统的
创作 2

实验视频 7-2-1
多媒体应用系统的
创作 2

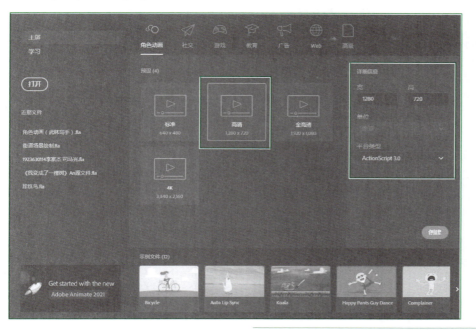

图 7.10
创建动画

② 使用"画笔工具" ![brush]，将画笔色调成黑色 ![black]，绘制火箭，如图 7.11 所示。

图 7.11
绘制火箭

📖【提示】

使用"画笔工具" ![brush] 时，要注意画图工具（工具栏）下方的"对象" ![obj] 没有被选中，否则后面不能上色。如被选中，则需要对所有已绘制的图形选中并右击，在弹出的快捷菜单中选择"分离"命令，才能上色。

③ 使用"颜料桶工具" ![bucket]，将颜料色调成相应的颜色，如图 7.12 所示。

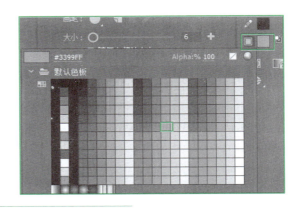

图 7.12
上色

上完色以后的效果如图 7.13 所示：

图 7.13
上色后效果

📖【提示】

使用"颜料桶" ![bucket] 上色时，要注意只有闭合区域才能被上色。

④ 使用"选择工具" （此处图标），拖选所有已经有图形，在工具栏下方选择"平滑" ⑤，多执行几次操作，直到达到满意的效果，结果如图 7.14 所示。

图 7.14
平滑后

⑤ 使用"选择工具" ▷，拖动选择所有图形后右击，在弹出的快捷菜单中选择"转换为元件"命令，在打开的对话框中设置元件名称为"火箭"，类型为"图形"，如图 7.15 所示，然后单击"确定"按钮。

图 7.15
"转换为元件"对话框

⑥ 使用"任意变形" 工具，将火箭缩放到适合大小，并放在画布（场景）左下角。在时间轴的第 120 帧处右击，在弹出的快捷菜单中选择"插入关键帧"命令，如图 7.16 所示。

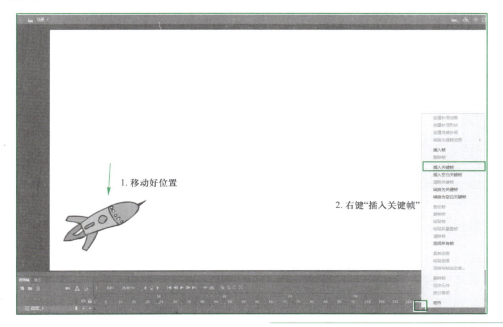

图 7.16
插入关键帧

然后使用"选择工具" ▷ 将第 120 帧上的火箭移动到右上角，如图 7.17 所示。

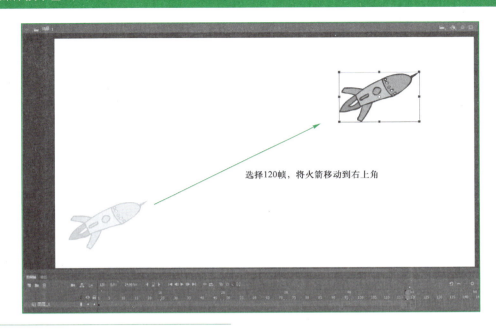

选择120帧，将火箭移动到右上角

图 7.17
移动火箭

⑦ 然后用"选择工具" 在 2～119 帧上的任意位置上右击，在弹出的快捷菜单中选择"创建传统补间"命令，如图 7.18 所示。

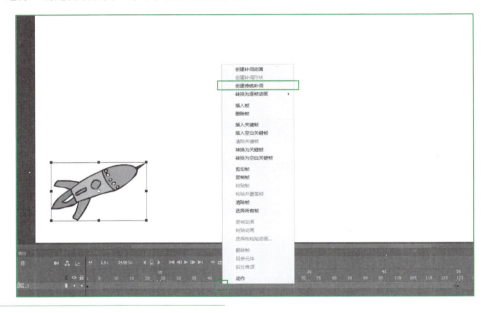

图 7.18
创建传统补间

📖【提示】

实验结果 7-2-1
多媒体应用系统的
创作 2

如果创建成功，时间线上 1～120 帧应该是一条黑色的实线箭头，箭头两头各有 1 个黑色实心点，如果是虚线，则需要注意是否创建失败。

⑧ 观看动画，选择时间线上的第 1 帧，单击"控制"菜单下方的"播放"按钮，或者直接按 Enter 键，观看动画效果。

⑨ 选择"文件"→"保存"命令，将文件保存到相应文件夹中，并命名为"火箭"

（保存到 D:\Try\ Multimedia 文件夹中），结果参考"火箭.Fla"文件。

7.2.2　多媒体综合训练

【实验目的】

① 掌握视频的概念及相关常识。

② 掌握简单片头和片尾的制作方法。

③ 掌握影视作品剪辑的基本过程。

④ 熟悉影片的输出过程。

【实验内容】

《校园之歌》影视片头制作：

① 启动 Premiere 软件，按提示创建一个名为"校园之歌"的项目，在打开的"新建序列"对话框中选择 DV-PAL 的"标准 48 kHz"选项（保存到 D:\Try\ Multimedia 文件夹中）。

② 把素材文件夹（D:\PCTrain\ Multimedia）下的"7.3 综合实训"文件夹下的"所用素材"文件夹下的所有素材导入到项目中，包括"课堂.jpg"、"校园环境.jpg""校园活动.jpg"和"运动会.jpg"4 张图片；"素材 1.mp4"和"素材 2.mp4"2 个视频素材及一个名为"片头背景音乐.mp3"的背景音乐素材。

③ 参考素材文件夹（D:\PCTrain\ Multimedia）下的"7.3 综合实训"文件夹下的"校园之歌（源文件）.prproj"源文件以及"最终结果《校园之歌》.mp4"结果文件，制作一个校园影视片头。

④ 最终效果如图 7.19 所示。

实验素材 7-2-2
多媒体技术综合训练

实验视频 7-2-2
多媒体技术综合训练

实验结果 7-2-2
多媒体技术综合训练

图 7.19
《校园之歌》影视片头最终效果图

7.3　课外训练

第 7 章
选择题及参考答案

• 7.3.1　选择题

1. 以下属于多媒体信息的是（　　　）。
   A．文本　　　　　　　　　　　　　B．声音
   C．图形　　　　　　　　　　　　　D．以上全是

2. 以下（　　　）不是多媒体信息处理的关键技术。
   A．数据压缩技术　　　　　　　　　B．大容量光盘存储技术
   C．多媒体网络技术　　　　　　　　D．图形图像处理技术

3. 人类通过感官获取各种信息，其中，所占比例最大的是（　　　）。
   A．听觉　　　　　B．视觉　　　　　C．触觉　　　　　D．嗅觉

4. 不属于连续媒体的是（　　　）。
   A．图像　　　　　　　　　　　　　B．动画
   C．音频　　　　　　　　　　　　　D．视频

5. 多媒体软件系统不包括（　　　）。
   A．多媒体操作系统　　　　　　　　B．音频输入/输出设备
   C．多媒体素材编辑软件　　　　　　D．多媒体应用软件

6. 当把显示器的分辨率从 800×600 更改为 $1\,024 \times 768$ 时，图像的画面将（　　　）。
   A．保持不变　　　　B．变大　　　　C．变小　　　　D．不能确定

7. 多媒体个人计算机对硬件条件的考虑包括（　　　）等方面。
   A．显卡、声卡、内存、硬盘
   B．显卡、声卡、内存、CPU
   C．显卡、内存、硬盘、CPU
   D．显卡、内存、硬盘、可扩展能力

8. 多媒体个人计算机包括（　　　）部分。
   A．高分辨率显示接口与设备　　　　B．可处理音响的接口与设备
   C．可处理图像的接口设备　　　　　D．以上全是

9. 下列全部属于多媒体硬件设备的是（　　　）。
   A．电子出版物、杀毒软件和数码摄像机
   B．文字、图像和声音
   C．音频卡、视频卡和数码相机
   D．Flash、Photoshop 和扫描仪

10. 记录在光盘中的数据属于（　　　）。
    A．模拟信息　　　　　　　　　　　B．数字信息
    C．仿真信息　　　　　　　　　　　D．广播信息

11. 单倍速 CD 光驱的读取速度是（　　　）。
    A．300 KB/s　　　　　　　　　　　B．150 KB/s
    C．1 MB/s　　　　　　　　　　　　D．10 MB/s

12. 40 倍速的 CD-ROM 的读取速度是（　　　）。

  A. 40 KB/s
  B. 150 KB/s
  C. 4 MB/s
  D. 6 MB/s

13. CD-ROM 的功能是（ ）。
  A. 仅能存储文字
  B. 仅能存储图像
  C. 仅能存储声音
  D. 能存储文字、声音和图像

14. DVD 光盘的标准存储容量是（ ）。
  A. 740 MB
  B. 4.7 GB
  C. 8 GB
  D. 17 GB

15. CD-ROM 光驱的主要技术指标是（ ）。
  A. 容量
  B. 650 MB
  C. 读取速度
  D. 倍速

16. 数码相机的主要技术指标是（ ）。
  A. CCD 像素数量
  B. 显示屏
  C. 存储卡
  D. 镜头

17. 扫描仪属于（ ）设备。
  A. 图像输出
  B. 图像文字识别
  C. 图像输入
  D. 视频采集

18. 王老师收到一套语文试卷打印稿，想在计算机中修改该试卷，最好的方法是（ ）。
  A. 手工输入计算机，用 Word 处理
  B. 用扫描仪将试卷扫描成图片，并用 OCR 软件识别为文字，用 Word 进行处理
  C. 用扫描仪将试卷扫描成图片，并在 Photoshop 中修改
  D. 用数码相机拍摄，并在 Photoshop 中修改

19. 扫描仪的灰度级指标为 8 bit，那么它一次能显示的灰度级数是（ ）。
  A. 256
  B. 128
  C. 1 024
  D. 4 096

20. 张三想和远在深圳打工的爸爸进行 QQ 视频聊天，可 QQ 提示说"没有检测到视频设备"，请问他应去购买的设备是（ ）。
  A. 摄像头
  B. 网卡
  C. 扫描仪
  D. 视频采集卡

21. 视频卡的功能可以分为（ ）。（1）视频采集（2）数据压缩（3）解压缩（4）视频输出
  A. （1）、（4）
  B. （2）、（3）
  C. （1）、（2）、（4）
  D. （1）、（2）、（3）、（4）

22. 下列论述中正确的是（ ）。
  A. 音频卡的分类主要是根据采样的频率来分，频率越高，音质越好
  B. 音频卡的分类主要是根据采样信息的压缩比来分，压缩比越大，音质越好
  C. 音频卡的分类主要是根据接口功能来分，接口功能越多，音质越好
  D. 音频卡的分类主要是根据采样量化的位数来分，位数越高，量化精度越高，音质越好

23. 数字信号相比于模拟信号的特点是（ ）。

  A.　在时间轴上和幅度轴上都是离散的

  B.　在时间轴上是连续的，在幅度轴上都是离散的

  C.　在时间轴上是离散的，在幅度轴上都是连续的

  D.　在时间轴上和幅度轴上都是连续的

24.　不属于通用的音频采样频率的是（　　　）。

  A.　11.025 kHz   B.　22.05 kHz

  C.　44.1 kHz   D.　88.2 kHz

25.　2 min 的双声道、16 位采样位数、22.05 kHz 采样频率声音的不压缩的数据量是（　　　）。

  A.　5.05 MB   B.　10.58 MB

  C.　10.35 MB   D.　10.09 MB

26.　除了量化精度和声道数这两个参数外，决定声音数据量的参数还包括（　　　）。

  A.　文件格式   B.　振幅

  C.　采样频率   D.　音强

27.　属于声音文件格式的是（　　　）。

  A.　WAV   B.　MP3

  C.　MID   D.　全部属于

28.　把时间连续的模拟信号转换为在时间上离散，幅度上连续的模拟信号的过程称为（　　　）。

  A.　数字化   B.　采样   C.　量化   D.　编码

29.　不属于影响音质的因素是（　　　）。

  A.　采样频率   B.　数据位数

  C.　音响扬声器   D.　音强

30.　使用 16 位二进制表示声音与使用 8 位二进制表示声音效果相比，前者（　　　）。

  A.　噪声小，保真度低，音质差

  B.　噪声小，保真度高，音质好

  C.　噪声大，保真度高，音质好

  D.　噪声大，保真度低，音质差

31.　小王同学从网上下载了一幅 BMP 格式的图片做为自己制作网页的素材，由于图片存储空间太大，小王想把它变小，在保证图片完整的前提下，正确的操作是（　　　）。

  A.　应用压缩软件 WinRAR，将图片进行压缩

  B.　应用图像处理软件将图片转换成 JPG 格式

  C.　应用图像处理软件对图片进行裁剪

  D.　应用图像处理软件将图片转成黑白的颜色

32.　GIF 图像的分辨率一般为（　　　）。

  A.　96 dpi   B.　300 dpi

  C.　600 dpi   D.　120 dpi

33.　图像文件的格式不同，主要因为（　　　）。

  A.　使用的图像编辑软件的不同   B.　使用的数据压缩算法不同

  C.　命名的原因   D.　图像的颜色位数的不同

34.　在扫描图像时，输入分辨率的单位是（　　　）。

A. dpi   B. Pixel

C. DDI   D. RAM

35. 一般的图像处理软件能够将文件存储为（　　　）格式。

  A. AVI   B. JPG

  C. TXT   D. DOC

36. 在进行图形图像素材采集的时候，下面不能获得位图图像的方法的是（　　　）。

  A. 使用数码相机拍摄的照片

  B. 使用编辑软件截取视频中的画面保存为图片

  C. 使用扫描仪扫描报纸上的照片

  D. 在 CorelDRAW 中绘制一个图案并保存为 CDR 格式的文件

37. RGB 彩色图像的颜色深度是（　　　）。

  A. 8 bit 颜色   B. 16 bit 颜色

  C. 24 bit 颜色   D. 32 bit 颜色

38. 在 Photoshop 中，对于前景色的配色，当 R、G、B 的配色取值为 255、255、255 时，前景色表现为（　　　）。

  A. 黑色   B. 黄色

  C. 红色   D. 白色

39. 3 种颜色可以混合成自然界的任何一种颜色的是（　　　）。

  A. 红、黄、蓝   B. 红、绿、蓝

  C. 橙、青、紫   D. 黄、品红、青

40. 在 Photoshop 中缩小当前图像的画布大小后，图像分辨率将会（　　　）。

  A. 降低   B. 增高

  C. 不变   D. 不能进行这样的更改

41. 在 Photoshop 中，用于选取图像中颜色相似区域的选取工具是（　　　）。

  A. 框形选取工具   B. 套索选取工具

  C. 魔棒选取工具   D. 钢笔工具

42. 在 Photoshop 中，如果想绘制直线的画笔效果，应该按住（　　　）键。

  A. Ctrl   B. Alt

  C. Shift   D. Tab

43. 在 Photoshop 中，在图层面板中带有眼睛图标的图层表示（　　　）。

  A. 该图层可见   B. 该图层与当前图层链接在一起

  C. 该图层不可见   D. 该图层中包含图层蒙版

44. 多媒体作品中常有帧的概念，帧其实是（　　　）。

  A. 一幅静态图片   B. 一组相关的静态图片

  C. 一段音频   D. 一段视频

45. 一段补间动画至少需要（　　　）个关键帧。

  A. 1   B. 2

  C. 3   D. 4

46. 在 Flash 中，如果希望制作一个皮球落下再弹起的 Flash 动画，应该采用（　　　）动画。

  A. 空白帧   B. 逐帧

C．动画（动作）补间　　　　　　　　D．形状补间

47．小张想编辑一下全班同学去春游时拍的录像片，可选择（　　）软件。

A．Cool Edit Pro　　　　　　　　　　B．Ulead Video Editor

C．PowerPoint　　　　　　　　　　　D．Photoshop CS

48．下列不属于视频信息采集方法的是（　　）。

A．利用摄像机直接拍摄得到素材

B．利用计算机上专门的工具软件产生的彩色图形、静态图像和动态图像

C．通过网络原样下载

D．通过扫描仪将照片、文字稿件输入计算机中生成的数字图像

49．数字视频的重要性体现在（　　）。（1）可以用新的、与众不同的方法对视频进行创造性编辑（2）可以不失真地进行无限次复制（3）可以用计算机播放电影节目（4）易于存储

A．（1）　　　　　　　　　　　　　　B．（1）、（2）

C．（1）、（2）、（3）　　　　　　　　D．全部都是

50．以下关于多媒体数据压缩方法的说法，不正确的是（　　）。

A．数据压缩方法常分为无损压缩和有损压缩

B．有损编码压缩的数据是可以完全恢复的

C．无损编码压缩的数据是可以完全恢复的

D．统计压缩方法属于有损压缩

51．在多媒体技术中，数据压缩的作用是（　　）。

A．节约存储空间，提高通信干线的传输效率

B．提高多媒体元素的质量

C．给多媒体元素增加特殊效果

D．消除多媒体元素中的干扰因素

52．下面关于数字视频质量、数据量、压缩比的关系的论述，正确的有（　　）。（1）数字视频质量越高，数据量越大（2）随着压缩比的增大，解压后数字视频质量开始下降（3）压缩比越大，数据量越小（4）数据量与压缩比是一对矛盾

A．（1）　　　　　　　　　　　　　　B．（1）、（2）

C．（1）、（2）、（3）　　　　　　　　D．全部都是

53．数据压缩分为无损压缩与有损压缩，对于图像、音频、视频等多媒体文件，通常采用（　　）。

A．WinZip 进行压缩　　　　　　　　B．WinRAR 进行压缩

C．有损压缩的方法进行压缩　　　　　D．无损压缩的方法进行压缩

54．使用（　　）压缩的数据是可以完全恢复的，解码后的数据与原始数据完全一致。

A．无损压缩　　　　　　　　　　　　B．有损压缩

C．哈夫曼编码　　　　　　　　　　　D．预留编码

55．MPEG 是数字存储（　　）图像压缩编码。

A．静态　　　　　　　　　　　　　　B．动态

C．点阵　　　　　　　　　　　　　　D．矢量

56．在多媒体应用软件开发中，按照所设计的脚本将各种素材连接起来的阶段是（　　）。

A. 需求分析   B. 脚本设计

C. 素材制作   D. 编码集成

57. Authorware 属于 （   ）。

    A. 图像素材获取软件   B. 动画素材获取软件

    C. 视频素材获取软件   D. 多媒体创作软件

58. 下列选项中，不是常用的多媒体集成开发工具的是（   ）。

    A. Authorware   B. Excel

    C. Director   D. Toolbook

59. 使用（   ）压缩的数据是可以完全恢复的，解码后的数据与原始数据完全一致。

    A. 无损压缩   B. 有损压缩

    C. 哈夫曼编码   D. 预留编码

60. 要实现多媒体数据的快速传递就需对数据进行压缩，这需要考虑（   ）。

    A. 去掉冗余的多媒体数据   B. 数据压缩编码技术

    C. 压缩时间   D. 压缩信息损失

7.3.2 填空题

第 7 章
填空题及参考答案

1. 人们常讲的多媒体计算机指的是符合_____标准的、具有_____的个人计算机，简称_____。

2. 根据记录方式不同，信息存储设备大致可以分为_____、_____和_____3 大类。常见的 CD-ROM、DVD-ROM 等属于_____设备。

3. 声音还有若干感知特性，它们是人对声音的主观反应。声音的感知特性主要有_____、_____和_____，称之为声音的三要素。

4. 模拟音频信号转换为数字音频信号需要经过_____、_____和_____3 个过程。_____是对模拟信号在时间上的离散化，而_____是对模拟信号在幅度上的离散化，_____是将量化后得到的数据表示成计算机能够识别的二进制数据格式。

5. MIDI 是_____的首写字母组合词，可译成乐器数字接口。用于在_____、_____和_____之间交换音乐信息的一种标准协议。

6. _____是指用一系列计算机指令来描述和记录的画面。_____是用像素点来描述或映射的影像。

7. 图像属性主要包括_____、_____和_____。

8. 颜色深度越大，图像颜色也就越丰富，画面越自然逼真，但数据量也会随之_____。

9. _____是英文 Joint Photographic Experts Group（联合图像专家组）的缩写，其扩展名为_____或_____，是最常用的图像文件格式之一。

10. Freehand 是 Adobe 公司软件中的一员，简称 FH，是一个功能强大的_____设计软件。

11. 在 Flash 动画制作过程中，会大量地运用到矢量图形。_____提供了各种绘制和编辑图形物体、添加文字的工具。

12. Flash 影片是动画播放文件，其扩展名为_____。选择"_____→_____→_____"菜单命令，打开_____对话框，然后设置影片的保存位置和文件主名，输出动画文件。

13. 视频信号按处理方式的不同分为＿＿＿＿＿＿＿＿信号和＿＿＿＿＿＿＿信号两大类。

14. 帧频是指每秒传输的＿＿＿＿＿＿。根据人眼的视觉特性应大于＿＿＿帧/秒。

15. 数据压缩处理是由＿＿＿＿和＿＿＿＿两个过程组成的。＿＿＿＿＿是将原始数据经过编码进行压缩，而＿＿＿＿＿＿是将编码数据还原成原始数据。

16. 根据经过编码、解码过程后数据是否保存一致来分类，可以将数据压缩方法分为＿＿＿＿＿和＿＿＿＿＿两类。

17. 20 世纪 70 年代起，国际电报电话咨询委员会（CCITT，现为 ITU-T）和国际标准化组织（ISO）已先后推出了一系列的语音编码技术标准。其中，＿＿＿＿和＿＿＿现在被广泛使用。

18. ＿＿＿＿＿＿＿是国际标准化组织下属的一个组织，它由许多国家和地区的标准化组织联合组成。

19. ＿＿＿＿＿是由 ISO 与 IEC 于 1988 年联合成立，专门致力于视频和音频标准化工作。它推出了多个＿＿＿＿＿标准。

20. 多媒体应用系统的开发是指多媒体应用系统开发人员在＿＿＿＿＿＿的基础上，借助＿＿＿＿＿＿＿制作＿＿＿＿＿＿＿的过程。

第 8 章　信息技术新发展概述

8.1　训练目标

① 掌握计算思维的基本概念、计算机实现和应用领域。

② 掌握云计算的基本概念，了解云计算的发展过程，理解云计算的关键技术和云交付模型，了解云计算的一些应用平台。

③ 掌握物联网的基本概念，了解物联网的发展过程，理解物联网的关键技术，了解物联网的一些应用领域。

④ 掌握人工智能的基本概念，了解人工智能的发展过程，理解人工智能的相关知识表示方法与推理方法，理解人工智能的机器学习与知识发现，了解人工智能的一些应用场景。

⑤ 掌握大数据的基本概念，了解大数据的发展过程，理解大数据的关键技术，理解大数据和云计算的关系，理解大数据和人工智能的关系，了解大数据的一些应用领域。

⑥ 了解移动通信网络从 1G 到 5G 的发展历程，了解 5G 的一些技术参数。

⑦ 了解云计算、物联网、人工智能、大数据和 5G 的产业动态，了解国家对新一代信息技术产业发展的重大计划。

8.2　课外训练

8.2.1　选择题

第 8 章
选择题及参考答案

1. 科学思维包括理论思维、实验思维和（　　）。
   A. 形象思维　　　　　　　　　　B. 开放思维
   C. 计算思维　　　　　　　　　　D. 逻辑思维

2. 人类应具备的三大思维能力是指（　　）。
   A. 抽象思维、逻辑思维和形象思维
   B. 实验思维、理论思维和计算思维
   C. 逆向思维、演绎思维和发散思维
   D. 计算思维、理论思维和辩证思维

3. 以下关于计算思维的说法错误的是（　　）。
   A. 是一种计算机的思维　　　　　B. 是一种人类的思维

C.　是一种科学思维方法　　　　　　　　D.　是一种抽象的思想

4.　本课程中拟学习的计算思维是指（　　　）。

　　A.　计算机相关的知识

　　B.　算法与程序设计技巧

　　C.　蕴含在计算学科知识背后的具有贯通性和联想性的内容

　　D.　知识与技巧的结合

5.　"人"计算与"机器"计算存在（　　　）差异。

　　A.　"人"计算使用复杂的计算规则，以便减少计算量能够获取结果

　　B.　"机器"计算使用简单的计算规则，以便于能够做出执行规则的机器

　　C.　"机器"计算使用的计算规则可能很简单，但计算量却很大，尽管这样，对越来越多的计算，机器也能够完成计算结果的获得

　　D.　上述说法都正确

6.　自动计算需要解决的基本问题是（　　　）。

　　A.　数据的表示

　　B.　数据和计算规则的表示、自动存储和计算规则的自动执行

　　C.　数据和计算规则的表示与自动存储

　　D.　数据和计算规则的表示

7.　计算学科的计算研究（　　　）。

　　A.　面向人可执行的一些复杂函数的等效、简便计算方法

　　B.　面向机器可自动执行的一些复杂函数的等效、简便计算方法

　　C.　面向机器可自动执行的求解一般问题的计算规则

　　D.　面向人可执行的求解一般问题的计算规则

8.　计算系统的发展方向是（　　　）。

　　A.　各个部件乃至整体的体积越来越小

　　B.　将越来越多的 CPU 集成起来，提高计算能力

　　C.　越来越拥有人的智能

　　D.　上述都是

9.　以下（　　　）是学习计算思维。

　　A.　为思维而学习知识而不是为了知识而学习知识

　　B.　不断锻炼，只有这样才能将思维转化为能力

　　C.　先从贯通知识的角度学习思维，再学习更为细节性的知识

　　D.　以上都有

10.　计算思维最根本的内容及其本质是（　　　）。

　　A.　自动化　　　　　　　　　　　　　　B.　抽象和自动化

　　C.　程序化　　　　　　　　　　　　　　D.　抽象

11.　计算之树中，网络化思维是如何概括的（　　　）。

　　A.　局域网、广域网和互联网

　　B.　机器网络、信息网络和人-机-物联网的网络化社会

　　C.　机器网络、信息网络和物联网

　　D.　局域网络、互联网络和数据网络

12.　计算之树中，两类典型的问题求解思维是指（　　　）。

A. 抽象和自动化   B. 算法和系统

C. 社会计算和自然计算   D. 程序和递归

13. 计算之树概括了计算学科的经典思维，它从（   ）个维度来概括的。

    A. 3 个维度：计算技术、计算系统与问题求解

    B. 4 个维度：计算技术的奠基性思维、通用计算环境的演化思维、社会/自然与计算的融合思维、交替促进与共同进化的问题求解思维

    C. 5 个维度：计算技术的奠基性思维、通用计算环境的演化思维、社会/自然与计算的融合思维、交替促进与共同进化的问题求解思维、由机器网络到网络化社会的网络化思维

    D. 6 个维度：计算技术的奠基性思维、通用计算环境的演化思维、社会/自然与计算的融合思维、问题求解思维、网络化思维和数据化思维

14. 运算器由许多部件组成，其核心部分是（   ）。

    A. 数据总线

    B. 多路开关

    C. 累加寄存器

    D. 算术逻辑运算单元

15. 计算之树中，通用计算环境的演化思维是（   ）概括的。

    A. 元器件—由电子管、晶体管，再到集成电路、大规模集成电路和超大规模集成电路

    B. 程序执行环境—由 CPU-内存环境，到 CPU-存储体系环境，到多 CPU-多存储器环境，再到云计算虚拟计算环境

    C. 网络运行环境—由个人计算机、到局域网广域网、再到 Internet

    D. 以上 3 个选项都不对

16. 关于"冯·诺依曼计算机"的结构，下列说法正确的是（   ）。

    A. 冯·诺依曼计算机仅需要运算器、控制器和存储器三大部件即可

    B. 个人计算机是由中央处理单元（CPU）、存储器、输入设备和输出设备构成，没有运算器和控制器，所以它不是冯·诺依曼计算机

    C. 以"运算器"为中心的冯·诺依曼计算机和以"存储器"为中心的冯·诺依曼计算机是有差别的，前者不能实现并行利用各个部件，受限于运算器后者可以实现并行利用各个部件

    D. 冯·诺依曼计算机提出"运算"和"存储"完全没有必要

17. 关于计算机系统的工作过程，下列说法不正确的是（   ）。

    A. 计算机中有一个 ROM，其中保存着一些程序，被称为 BIOS，当机器接通电源后首先读取这些程序并予以执行

    B. 计算机接通电源后执行的第 1 个程序就是内存中的操作系统程序

    C. 计算机接通电源后执行的第 1 个程序是 ROM 中的程序，该程序的主要作用是将操作系统从磁盘上装入操作系统

    D. 没有操作系统，计算机也可以执行程序，但一般用户却没有办法使用

18. 关于计算机的发展趋势，下面（   ）不是未来的发展趋势。

    A. 巨型化   B. 微型化

    C. 多样性   D. 智能化

19. 摩尔定律是指（　　　）。

    A. 芯片集成晶体管的能力每年增长一倍，其计算能力也增长一倍

    B. 芯片集成晶体管的能力每两年增长一倍，其计算能力也增长一倍

    C. 芯片集成晶体管的能力每 18 个月增长一倍，其计算能力也增长一倍

    D. 芯片集成晶体管的能力每 6 个月增长一倍，其计算能力也增长一倍

20. 下列存储器中存取速度最快的是（　　　）。

    A. 内存　　　　　　　　　　　　B. 硬盘

    C. 光盘　　　　　　　　　　　　D. U 盘

21. 关于计算机为什么基于二进制数来实现，下列说法不正确的是（　　　）。

    A. 能表示两种状态的元器件容易实现

    B. 二进制运算规则简单，易于实现

    C. 二进制可以用逻辑运算实现算术运算

    D. 前述说法有不正确的

22. 关于二进制数计算部件的实现，下列说法正确的是（　　　）。

    A. 设计和实现一个最简单的计算部件只需实现逻辑与、或、非、异或等基本运算即可，则所有加减乘除运算即可由该计算部件实现

    B. 设计和实现一个最简单的计算部件只需实现加法运算，则所有加减乘除运算即可由该计算部件来实现

    C. 设计和实现一个最简单的计算部件需要实现加法运算和乘法运算，则所有加减乘除运算即可由该计算部件来实现

    D. 设计和实现一个最简单的计算部件需要分别实现加、减、乘、除运算，则所有加减乘除运算才可由该计算部件来实现

23. 在计算机中，引入 16 进制的目的是（　　　）。

    A. 计算机的内存地址采用 16 进制编制

    B. 方便二进制串的书写

    C. 计算机中的数据存储可以采用 16 进制

    D. 计算机中的数据运算可以采用 16 进制

24. 云计算就是把计算资源都放到（　　　）上。

    A. 对等网　　　　　　　　　　　B. Internet

    C. 广域网　　　　　　　　　　　D. 无线网

25. SaaS 是（　　　）的简称。

    A. 软件即服务　　　　　　　　　B. 平台即服务

    C. 基础设施即服务　　　　　　　D. 硬件即服务

26. 虚拟化资源指一些可以实现一定操作具有一定功能，但其本身是（　　　）的资源，如计算池、存储池、网络池、数据库资源等，通过软件技术来实现相关的虚拟化功能包括虚拟环境、虚拟系统、虚拟平台。

    A. 虚拟　　　　　　　　　　　　B. 物理

    C. 真实　　　　　　　　　　　　D. 实体

27. 云计算是对（　　　）技术的发展与运用。

    A. 并行计算　　　　　　　　　　B. 网格计算

    C. 分布式计算　　　　　　　　　D. 以上 3 个选项都是

28. IaaS 是 (   ) 的简称。

    A. 软件即服务   B. 平台即服务

    C. 基础设施即服务   D. 硬件即服务

29. 将平台作为服务的云计算服务类型是 (   )。

    A. IaaS   B. PaaS

    C. SaaS   D. 以上 3 个选项都是

30. 云计算的一大特征是 (   )，没有高效的网络云计算就什么都不是，就不能提供很好的使用体验。

    A. 按需自助服务   B. 无处不在的网络接入

    C. 资源池化   D. 快速弹性伸缩

31. 云计算的部署模式不包括 (   )。

    A. 私有云   B. 公有云

    C. 政务云   D. 混合云

32. 人们常提到的"在 Window 安装 VMware Linux 虚拟机"属于 (   )。

    A. 存储虚拟化   B. 内存虚拟化

    C. 系统虚拟化   D. 网络虚拟化

33. 云计算是对 (   ) 技术的发展与运用。

    A. 并行计算   B. 网格计算

    C. 分布式计算   D. 三个选项都是

34. (   ) 在许多情况下，能够达到 99.999% 的可用性。

    A. 虚拟化   B. 分布式

    C. 并行计算   D. 集群

35. (   ) 是公有云计算基础架构的基石。

    A. 虚拟化   B. 分布式

    C. 并行   D. 集中式

36. 云计算面临的一个很大的问题是 (   )。

    A. 服务器   B. 存储

    C. 计算   D. 节能

37. 与网络计算相比，不属于云计算特征的是 (   )。

    A. 资源高度共享   B. 适合紧耦合科学计算

    C. 支持虚拟机   D. 适用于商业领域

38. 云计算体系结构的 (   ) 负责资源管理、任务管理用户管理和安全管理等工作。

    A. 物理资源层   B. 资源池层

    C. 管理中间件层   D. SOA 构建层

39. 网格计算是利用 (   ) 技术，把分散在不同地理位置的计算机组成一台虚拟超级计算机。

    A. 对等网   B. Internet

    C. 广域网   D. 无线网

40. (   ) 是私有云计算基础架构的基石。

    A. 虚拟化   B. 分布式

    C. 并行   D. 集中式

41. （　　　）有校验数据，提供数据容错能力。
    A. RAID5
    B. RAID2
    C. RAID1
    D. RAID0

42. （　　　）是指在云计算基础设施上为用户提供应用软件部署和运行环境的服务。
    A. SAAS
    B. PAAS
    C. IAAS
    D. HAAS

43. （　　　）与 SaaS 不同的，这种"云"计算形式把开发环境或者运行平台也作为一种服务给用户提供。
    A. 软件即服务
    B. 基于平台服务
    C. 基于 Web 服务
    D. 基于管理服务

44. 从研究现状上看，下面不属于云计算特点的是（　　　）。
    A. 超大规模
    B. 虚拟化
    C. 私有化
    D. 高可靠性

45. IaaS 计算实现机制中，系统管理模块的核心功能是（　　　）。
    A. 负载均衡
    B. 监视节点的运行状态
    C. 应用 API
    D. 节点环境配置

46. 虚拟机最早在（　　　）由 IBM 研究中心研制。
    A. 20 世纪 50 年代
    B. 20 世纪 60 年代
    C. 20 世纪 70 年代
    D. 20 世纪 80 年代

47. 不属于桌面虚拟化技术架构的选项是（　　　）。
    A. SASS
    B. PAAS
    C. IAAS
    D. HAAS

48. SAN 属于（　　　）。
    A. 内置存储
    B. 外挂存储
    C. 网络化存储
    D. 以上都不对

49. 下列（　　　）特性不是虚拟化的主要特征。
    A. 高扩展性
    B. 高可用性
    C. 高安全性
    D. 实现技术简单

50. 不是桌面虚拟化远程连接协议的选项是（　　　）。
    A. RDP
    B. CIC
    C. ICA
    D. PCoIP

51. 连接到物联网上的物体都应该具有 4 个基本特征，即地址标识、感知能力、（　　　）、可以控制。
    A. 可访问
    B. 可维护
    C. 通信能力
    D. 计算能力

52. 物联网的核心和基础是（　　　）。
    A. 无线通信网
    B. 传感器网络
    C. 互联网
    D. 有线通信网

53. 物联网的一个重要功能是促进（　　　），这是互联网、传感器网络所不能及的。
    A. 自动化
    B. 智能化
    C. 低碳化
    D. 无人化

54. 传感器是一个非常（　　　　）概念，能把物理世界的量转换成一定信息表达的装置，都可以被称为传感器。

    A. 专门的   B. 狭义的

    C. 学术的   D. 宽泛的

55. 物联网的定义中，关键词为（　　　　）、约定协议、与互联网连接和智能化。

    A. 信息感知设备   B. 信息传输设备

    C. 信息转换设备   D. 信息输出设备

56. 迄今为止最经济实用的一种自动识别是（　　　　）。

    A. 条形码识别技术   B. 语音识别技术

    C. 生物识别技术   D. IC 卡识别技术

57. 以下（　　　　）用于存储被识别物体的标识信息。

    A. 天线   B. 电子标签

    C. 读写器   D. 计算机

58. 物联网的英文名称是（　　　　）。

    A. Internet of Matter   B. Internet of Things

    C. Internet of Theories   D. Internet of Clouds

59. （　　　　）首次提出了物联网的雏形。

    A. 彭明盛   B. 乔布斯

    C. 杨志强   D. 比尔·盖茨

60. 物联网的核心技术是（　　　　）。

    A. 射频识别   B. 集成电路

    C. 无线电   D. 操作系统

61. 以下（　　　　）不是物联网的应用模式。

    A. 政府客户的数据采集和动态监测类应用

    B. 行业或企业客户的数据采集和动态监测类应用

    C. 行业或企业客户的购买数据分析类应用

    D. 个人用户的智能控制类应用

62. 智慧城市是（　　　　）相结合的产物。

    A. 数字乡村与物联网   B. 数字城市与互联网

    C. 数字城市与物联网   D. 数字乡村与局域网

63. 可以分析处理空间数据变化的系统是（　　　　）。

    A. 全球定位系统   B. GIS

    C. RS   D. 3G

64. 物联网技术是基于射频识别技术发展起来的新兴产业，射频识别技术主要是基于（　　　　）方式进行信息传输的。

    A. 声波   B. 电场和磁场

    C. 双绞线   D. 同轴电缆

65. 双绞线绞合的目的是（　　　　）。

    A. 增大抗拉强度   B. 提高传送速度

    C. 减少干扰   D. 增大传输距离

66. 下列（　　　　）通信技术部属于低功率短距离的无线通信技术。

A.　广播　　　　　　　　　　　　　B.　超宽带技术

C.　蓝牙　　　　　　　　　　　　　D.　Wi-Fi

67.　关于光纤通信，下列说法正确的是（　　　）。

A.　光在光导纤维中多次反射从一端传到另一端

B.　光在光导纤维中始终沿直线传播

C.　光导纤维是一种很细的金属丝

D.　光信号在光导纤维中以声音的速度传播

68.　蓝牙是一种支持设备短距离通信，一般是（　　　）之内的无线技术。

A.　5 m　　　　　　　　　　　　　B.　10 m

C.　15 m　　　　　　　　　　　　　D.　20 m

69.　人们将物联网信息处理技术分为节点内信息处理、汇聚数据融合管理、语义分析挖掘以及（　　　）4 个层次。

A.　物联网应用服务　　　　　　　　B.　物联网网络服务

C.　物联网传输服务　　　　　　　　D.　物联网链路服务

70.　下列（　　　）不是物联网的数据管理系统结构。

A.　集中式结构　　　　　　　　　　B.　分布式结构和半分布式结构

C.　星形式结构　　　　　　　　　　D.　层次式结构

71.　数据挖掘中的关联规则主要有（　　　）作用。

A.　找出大量数据中数据的相关关系

B.　从大量数据中挖掘出有价值的数据项之间的相关关系

C.　找出数据中相关项之间的关系

D.　从少量数据中挖掘出有价值的数据项之间的相关关系

72.　停车诱导系统中的控制系统不对车位数据进行（　　　）。

A.　采集　　　　　　　　　　　　　B.　传输

C.　控制　　　　　　　　　　　　　D.　处理

73.　应用于环境监测的物联网中的节点一般都采用（　　　）供电。

A.　电池　　　　　　　　　　　　　B.　太阳能

C.　风能　　　　　　　　　　　　　D.　输电线

74.　传感器节点采集数据中不可缺少的部分是（　　　）。

A.　温度　　　　　　　　　　　　　B.　湿度

C.　风向　　　　　　　　　　　　　D.　位置信息

75.　下列（　　　）类节点消耗的能量最小。

A.　边缘节点　　　　　　　　　　　B.　处于中间的节点

C.　能量消耗都一样　　　　　　　　D.　靠近基站的节点

76.　边缘节点对采集到的数据进行（　　　）处理会对通信量产生显著影响。

A.　加密　　　　　　　　　　　　　B.　压缩和融合

C.　编码　　　　　　　　　　　　　D.　不进行处理

77.　相比于传统的医院信息系统，医疗物联网的网络连接方式以（　　　）为主。

A.　有线传输　　　　　　　　　　　B.　移动传输

C.　无线传输　　　　　　　　　　　D.　路由传输

78.　AI 的英文缩写是（　　　）。

A. Automatic Intelligence B. Artifical Intelligence

C. Automatic Information D. Artifical Information

79. 要想让机器具有智能，必须让机器具有知识。因此，在人工智能中有一个研究领域，主要研究计算机如何自动获取知识和技能，实现自我完善，这门研究分支学科称为（　　　）。

A. 专家系统 B. 机器学习

C. 神经网络 D. 模式识别

80. 人工智能的目的是让机器能够（　　　），以实现某些脑力劳动的机械化。

A. 具有完全的智能 B. 和人脑一样考虑问题

C. 完全代替人 D. 模拟、延伸和扩展人的智能

81. 自然语言理解是人工智能的重要应用领域，下面列举中的（　　　）不是它要实现的目标。

A. 理解别人讲的话

B. 对自然语言表示的信息进行分析概括或编辑

C. 欣赏音乐

D. 机器翻译

82. 下列关于人工智能的叙述不正确的有（　　　）。

A. 人工智能技术与其他科学技术相结合极大地提高了应用技术的智能化水平

B. 人工智能是科学技术发展的趋势

C. 因为人工智能的系统研究是从 20 世纪 50 年代才开始的，非常新，所以十分重要

D. 人工智能有力地促进了社会的发展

83. 首次提出"人工智能"是在（　　　）年。

A. 1946 B. 1960

C. 1916 D. 1956

84. 人工智能应用研究的两个最重要、最广泛领域为（　　　）。

A. 专家系统、自动规划 B. 专家系统、机器学习

C. 机器学习、智能控制 D. 机器学习、自然语言理解

85. 人工智能诞生于（　　　）。

A. 达特茅斯 B. 伦敦

C. 纽约 D. 拉斯维加斯

86. 一些聋哑人为了能方便与人交流，利用打手势来表达自己的想法，这是智能的（　　　）方面。

A. 思维能力 B. 感知能力

C. 行为能力 D. 学习能力

87. 如果把知识按照表达内容来分类，下述（　　　）不在分类的范围内。

A. 元知识 B. 显性知识

C. 即过程性知识 D. 事实性知识

88. 自然语言理解是人工智能的重要应用领域，下面列举中的（　　　）不是它要实现的目标。

A. 理解别人讲的话

B.　对自然语言表示的信息进行分析概括或编辑

C.　自动程序设计

D.　机器翻译

89.　下述（　　　）不是人工智能中常用的格式化表示方法。

A.　框架表示法　　　　　　　　　　　　B.　产生式表示法

C.　语义网络表示法　　　　　　　　　　D.　形象描写表示法

90.　下列不是命题的是（　　　）。

A.　我上人工智能课　　　　　　　　　　B.　存在最大素数

C.　请勿随地大小便　　　　　　　　　　D.　这次考试我得了 101 分

91.　搜索分为盲目搜索和（　　　）。

A.　启发式搜索　　　　　　　　　　　　B.　模糊搜索

C.　精确搜索　　　　　　　　　　　　　D.　大数据搜索

92.　一般来讲，下列语言属于人工智能语言的是（　　　）。

A.　VB　　　　　　　　　　　　　　　　B.　C#

C.　Foxpro　　　　　　　　　　　　　　D.　LISP

93.　专家系统是一个复杂的智能软件，它处理的对象是用符号表示的知识，处理的过程是（　　　）的过程。

A.　思考　　　　　　　　　　　　　　　B.　回溯

C.　推理　　　　　　　　　　　　　　　D.　递归

94.　确定性知识是指（　　　）知识。

A.　可以精确表示的　　　　　　　　　　B.　正确的

C.　在大学中学到的　　　　　　　　　　D.　能够解决问题的

95.　下列关于不精确推理过程的叙述错误的是（　　　）。

A.　不精确推理过程是从不确定的事实出发

B.　不精确推理过程最终能够推出确定的结论

C.　不精确推理过程是运用不确定的知识

D.　不精确推理过程最终推出不确定性的结论

96.　我国学者吴文俊院士在人工智能的（　　　）领域做出了贡献。

A.　机器证明　　　　　　　　　　　　　B.　模式识别

C.　人工神经网络　　　　　　　　　　　D.　智能代理

97.　能对发生故障的对象（系统或设备）进行处理，使其恢复正常工作的专家系统是（　　　）。

A.　修理专家系统　　　　　　　　　　　B.　诊断专家系统

C.　调试专家系统　　　　　　　　　　　D.　规划专家系统

98.　下列（　　　）不属于艾莎克·阿莫西夫提出的"机器人三定律"内容。

A.　机器人不得伤害人，或任人受到伤害而无所作为

B.　机器人应服从人的一切命令，但命令与 A 相抵时例外

C.　机器人必须保护自身的安全，但不得与 A、B 相抵触

D.　机器人必须保护自身的安全和服从人的一切命令，一旦发生冲突，以自保为先

99.　不确定推理过程的不确定性不包括（　　　）。

A.　证据的不确定性　　　　　　　　　　B.　规则的不确定性

C. 推理过程的不确定性　　　　　　D. 知识表示方法的不确定性

100. 能通过对过去和现在已知状况的分析，推断未来可能发生的情况的专家系统是（　　）。

    A. 修理专家系统　　　　　　B. 预测专家系统
    C. 请试专家系统　　　　　　D. 规划专家系统

101. 下列（　　）不是人工智能的研究领域。

    A. 机器证明　　　　　　B. 模式识别
    C. 编译原理　　　　　　D. 深度学习

102. 下列（　　）不在人工智能系统的知识包含的 4 个要素中。

    A. 事实　　　　　　B. 规则
    C. 控制和元知识　　　　　　D. 关系

103. 下列（　　）部分不是专家系统的组成部分。

    A. 用户　　　　　　B. 综合数据库
    C. 推理机　　　　　　D. 知调库

104. 所谓不确定性推理就是从（　　）的初始证据出发，通过运用（　　）的知识最终推导出具有一定程度的不确定性但却是合理或者近乎合理的结论的思维过程。

    A. 不确定性，不确定性　　　　　　B. 确定性，确定性
    C. 确定性，不确定性　　　　　　D. 不确定性，确定性

105. 下列（　　）方式必然能够找到解。

    A. 深度优先搜索　　　　　　B. 堆栈搜索
    C. 广度优先搜索　　　　　　D. 混合搜索

106. 以下（　　）项没有发生冲突。

    A. 一个已知事实可以与知识库中多个知识匹配成功
    B. 多个已知事实与知识库中的一个知识匹配成功
    C. 多个已知事实可以与知识库中多个知识匹配成功
    D. 已知事实不能与知识库中的任何知识匹配成功

107. 大数据的核心就是（　　）。

    A. 告知与许可　　　　　　B. 预测
    C. 匿名化　　　　　　D. 规模化

108. 大数据不是要教机器像人一样思考，相反，它是（　　）。

    A. 把数学算法运用到海量的数据上来预测事情发生的可能性
    B. 被视为人工智能的一部分
    C. 被视为一种机器学习
    D. 预测与惩罚

109. 大数据是指不用随机分析法这样的捷径，而采用（　　）的方法。

    A. 所有数据　　　　　　B. 绝大部分数据
    C. 适量数据　　　　　　D. 少量数据

110. 大数据的发展，使信息技术变革的重点从关注技术转向关注（　　）。

    A. 信息　　　　　　B. 数字
    C. 文字　　　　　　D. 方位

111. 大数据的起源是（　　）。

    A.　金融　　　　　　　　　　　　　B.　电信

    C.　互联网　　　　　　　　　　　　D.　公共管理

112.　数据清洗的方法不包括（　　　）。

    A.　缺失值处理　　　　　　　　　　B.　噪声数据清除

    C.　一致性检查　　　　　　　　　　D.　重复数据记录处理

113.　智慧城市的构建，不包含（　　　）。

    A.　数字城市　　　　　　　　　　　B.　物联网

    C.　联网监控　　　　　　　　　　　D.　云计算

114.　大数据的最显著特征是（　　　）。

    A.　数据规模大　　　　　　　　　　B.　数据类型多样

    C.　数据处理速度快　　　　　　　　D.　数据价值密度高

115.　大数据的本质是(　　　)。

    A.　联系　　　　　　　　　　　　　B.　洞察

    C.　挖掘　　　　　　　　　　　　　D.　搜集

116.　大数据最明显的特点是（　　　）。

    A.　数据类型多样　　　　　　　　　B.　数据规模大

    C.　数据价值密度高　　　　　　　　D.　数据处理速度快

117.　大数据时代，数据使用的最关键是（　　　）。

    A.　数据收集　　　　　　　　　　　B.　数据存储

    C.　数据分析　　　　　　　　　　　D.　数据再利用

118.　云计算分层架构不包括（　　　）。

    A.　IaaS　　　　　　　　　　　　　B.　PaaS

    C.　SaaS　　　　　　　　　　　　　D.　YaaS

119.　大数据技术是由（　　　）公司首先提出来的。

    A.　阿里巴巴　　　　　　　　　　　B.　百度

    C.　谷歌　　　　　　　　　　　　　D.　微软

120.　数据的精细化程度是指（　　　），越细化的数据，价值越高。

    A.　规模　　　　　　　　　　　　　B.　活性

    C.　颗粒度　　　　　　　　　　　　D.　关联性

121.　数据清洗的方法不包括（　　　）。

    A.　噪声数据清除　　　　　　　　　B.　一致性检查

    C.　重复数据记录处理　　　　　　　D.　缺失值处理

122.　智能手环的应用开发，体现了（　　　）的数据采集技术的应用。

    A.　网络爬虫　　　　　　　　　　　B.　API 接口

    C.　传感器　　　　　　　　　　　　D.　统计报表

123.　下列关于数据重组的说法错误的是（　　　）。

    A.　数据的重新生产和采集

    B.　能使数据焕发新的光芒

    C.　关键在于多源数据的融合和集成

    D.　有利于新的数据模式创新

124.　美国海军军官莫里通过对前人航海日志的分析，绘制了新的航海路线图，标明了大风与洋流可能发生的地点。这体现了大数据分析理念中的（　　　）。

    A.　在数据基础上倾向于全体数据而不是抽样数据

    B.　在分析方法上更注重相关分析而不是因果分析

    C.　在分析效果上更追效率而不是绝对精确

    D.　在数据规模上强调相对数据而不是绝对数据

125.　下列关于舍思伯格对大数据特点的说法中，错误的是（　　　）。

    A.　数据规模大　　　　　　　　　B.　数据类型多

    C.　处理速度快　　　　　　　　　D.　价值密度离

126.　当前社会中，最为突出的大数据环境是（　　　）。

    A.　互联网　　　　　　　　　　　B.　自然环境

    C.　综合国力　　　　　　　　　　D.　物联网

127.　在数据生命周期管理时间中，（　　　）是执行方法。

    A.　数据存储和备份规范　　　　　B.　数据管理和维护

    C.　数据价值发觉和利用　　　　　D.　数据应用开发和管理

128.　下列关于网络用户行为的说法中，错误的是（　　　）。

    A.　网络公司能够捕捉到用户在其网站上的所有行为

    B.　用户离散的交互痕迹能够为企业提升服务质量提供参考

    C.　数字轨迹用完即自动删除

    D.　用户的隐私安全很难得以规范保护

129.　下列国家的大数据发展行动中，集中体现"重视基础，首都先行"的国家是（　　　）。

    A.　美国　　　　　　　　　　　　B.　日本

    C.　中国　　　　　　　　　　　　D.　韩国

130.　下列关于大数据的分析理念的说法中，错误的是（　　　）。

    A.　在数据基础上倾向于全体数据而不是抽样数据

    B.　在分析方法上更注重相关分析而不是因果分析

    C.　在分析效果上更追究效率而不是绝对精确

    D.　在数据规模上强调相对数据而不是绝对数据

131.　万维网之父是（　　　）。

    A.　彼得·德鲁克　　　　　　　　B.　舍恩伯格

    C.　蒂姆·伯纳斯一李　　　　　　D.　斯科特·布朗

132.　大数据时代，数据使用的关键是（　　　）。

    A.　数据收集　　　　　　　　　　B.　数据存储

    C.　数据分析　　　　　　　　　　D.　数据再利用

133.　下列关于数据交易市场的说法中，错误的是（　　　）。

    A.　数据交易市场是大数据产业发展到一定程度的产物

    B.　商业化的数据交易活动催生了多方参与的第三方数据交易市场

    C.　数据交易市场通过生产数据、研发和分析数据，为数据交易提供帮助

    D.　数据交易市场是大数据资源化的必然产物

134.　下列论据中，能够支撑"大数据无所不能"的观点的是（　　　）。

    A.　互联网金融打破了传统的观念和行为

    B.　大数据存在泡沫

C.　大数据具有非常高的成本

D.　个人隐私泄露与信息安全担忧

135.　数据仓库的最终目的是（　　　）。

A.　收集业务需求　　　　　　　　　B.　建立数据仓库逻辑模型

C.　开发数据仓库的应用分析　　　　D.　为用户和业务部门提供决策支持

136.　支撑大数据业务的基础是（　　　）。

A.　数据科学　　　　　　　　　　　B.　数据应用

C.　数据硬件　　　　　　　　　　　D.　数据人才

137.　当前，大数据产业发展的特点是（　　　）。

A.　无发展规模　　　　　　　　　　B.　规模较小

C.　多产业交叉融合　　　　　　　　D.　增速缓慢

138.　在网络爬虫的爬行策略中，应用最为基础的是（　　　）。

A.　深度优先遍历策略　　　　　　　B.　大站优先策略

C.　高度优先遍历策略　　　　　　　D.　反向链接策略

139.　下列关于大数据的说法中，错误的是（　　　）。

A.　大数据的目的在于发现新的知识与洞察并进行科学决策

B.　处理大数据需采用新型计算架构和智能算法等新技术

C.　大数据的应用注重相关分析而不是因果分析

D.　大数据的应用注重因果分析而不是相关分析

140.　关于大数据在社会综合治理中的作用，以下理解错误的是（　　　）。

A.　大数据的运用有利于走群众路线

B.　大数据的运用能够维护社会治安

C.　大数据的运用能够杜绝抗生素的滥用

D.　大数据的运用能够加强交通管理

8.2.2　填空题

第 8 章
填空题及参考答案

1.　计算思维是由＿＿＿＿＿＿提出的。

2.　计算思维是运用＿＿＿＿＿＿的基础概念进行问题求解、系统设计以及人类行为理解等一系列思维活动。

3.　科学思维包括理论思维、实验思维和＿＿＿＿＿＿。

4.　计算思维是一种＿＿＿＿＿＿思维，是一种并行处理，是一种把代码译成数据又能把数据译成代码，是一种多维分析推广的类型检查方法。

5.　计算思维是一种采用＿＿＿＿＿＿和＿＿＿＿＿＿控制庞杂的任务或进行巨大复杂系统设计的方法，是基于关注分离的方法（SoC 方法）。

6.　计算机由＿＿＿＿＿＿、＿＿＿＿＿＿、＿＿＿＿＿＿、＿＿＿＿＿＿、＿＿＿＿＿＿5 大部件组成。

7.　结构化程序设计的 3 种基本结构是＿＿＿＿＿＿、＿＿＿＿＿＿、＿＿＿＿＿＿。

8.　计算机指令是在计算机的＿＿＿＿＿＿中执行的。

9.　计算机的内存分为两类，分别为＿＿＿＿＿＿和＿＿＿＿＿＿。

10.　将多个有序序列合并成一个有序序列的排序称之为＿＿＿＿＿＿排序。

11.　Bigtable 的时间戳是＿＿＿＿＿＿位的整数。

12. 云计算安全从云端到云中可划分为 3 个层次，分别是云端安全性、应用服务层和_____。

13. 云计算应用安全体系的主要目标是实现云计算应用及数据的机密性、完整性、可用性和_____等。

14. 一组协同工作的计算机通过网络连接，用通信的手段进行协调同步，用合理的算法调度分配资源，从而达到高效可靠的计算，这样形成的系统称为_____。

15. 云安全的两个研究方向包括云计算安全和_____。

16. 进程通信中客户—服务器模型的实现方法包括并发服务器和_____。

17. Bigtable 中的_____提供创建和删除表以及列族的函数，还提供了修改集群、表以及列族元数据的函数。

18. 最常见的分布式对象是分布式动态对象和_____。

19. 一个 GFS 集群含有单个主控服务器，多个_____，被多个客户访问。

20. 对于提供者来说，云计算可以使用 3 种部署模式，即_____、_____、_____。

21. 当一辆装载着集装箱的货车通过关口的时候，海关人员面前的计算机能够立即获得准确的进出口货物名称、数量、目的地、货主、报关信息等，海关人员就能够立即根据这些信息来决定是否放行或检查，而支持快速、自动货物通关信息系统的数据采集技术正是_____。

22. 传感器结点除了通常的传感功能外，还具有信息的_____、处理和通信功能。

23. 无线传感器结点是_____中需要大量应用的传感器件。

24. 使物品在其生产、流程、消费、使用直至报废的整个过程中都具备_____。这也是物联网区别于互联网和传感器网络的特点。

25. 物联网的三大特性，分别是_____、_____、_____。

26. 物联网包括体系结构有 3 层，分别是_____、_____、_____。

27. 目前，机器对机器的无线通信存在 3 种模式，如机器对机器、机器对移动电话（如用户远程监视），以及移动电话对机器（如用户远程控制）。人们把这种通信简称为_____。

28. RFID 系统中的本地服务器负责收集来自各种阅读器读取的信息，并通过_____发送到后台处理中心进行相应的信息处理。

29. _____自己不带电源，只有在阅读器阅读范围之内，对阅读器所产生的电磁场发生感应而获得电能，从而使其所带的信息数据能够发送出去，主要应用在门禁控制、物流管理等方面。

30. 机器学习按照学习能力主要分为_____、_____、_____。

31. 最早的人工智能起源于 3 个学派，即_____、_____、_____。

32. "人工智能"这一术语最早是_____年在美国达特茅斯学院召开的学术研讨会上被正式提出。

33. _____年提出"深度学习"概念，使智能系统能够模拟人脑神经结构的机器学习方式，从而具有类似人类的智慧。

34. 关于知识表示的方法有许多种，常见的有_____、_____、_____等。

35．按照推理时所用知识的确定性情况来划分，推理可以分为＿＿＿＿＿＿＿＿＿、＿＿＿＿＿＿＿＿＿＿。

36．数据预处理主要包括＿＿＿＿＿＿＿＿＿、＿＿＿＿＿＿＿＿＿以及数据规约三大部分。

37．关于大数据的特征，主要有＿＿＿＿＿＿＿＿＿、＿＿＿＿＿＿＿＿＿、＿＿＿＿＿＿＿＿＿、价值（Value）、真实性（Veracity）5 个方面。

38．大数据的基本处理流程主要包括＿＿＿＿＿＿＿＿＿、＿＿＿＿＿＿＿＿＿、处理分析、结果呈现等环节。

39．基于大数据的采集方法可以分为三大类，分别是＿＿＿＿＿＿＿＿＿、＿＿＿＿＿＿＿＿＿、基于数据库数据的采集方法。

40．5G 是第五代移动通信网络，其峰值理论传输速度可达＿＿＿＿＿＿＿＿＿。

第9章 综合测试

9.1 综合测试（A）

9.1.1 选择题

综合测试 A
选择题测试

1. 在软件方面，第 1 代计算机主要使用（　　）。
   A. 机器语言　　　　　　　　　　B. 数据库系统语言
   C. 汇编语言　　　　　　　　　　D. BASIC 语言

2. 在下面的描述中，正确的是（　　）。
   A. 键盘是输入设备，显示器是输出设备
   B. 外存中的信息可直接被 CPU 处理
   C. 计算机中使用的汉字编码和 ASCII 码是相同的
   D. 操作系统是一种很重要的应用软件

3. 电子商务是指（　　）。
   A. 与电有关的商务事物
   B. 利用计算机和网络进行的商务活动
   C. 政府机构运用现代计算机和网络技术，将其管理和服务职能转移到网络上去完成
   D. 买卖计算机的商业活动

4. 个人计算机属于（　　）。
   A. 微型计算机　　　　　　　　　B. 巨型机
   C. 小型计算机　　　　　　　　　D. 中型计算机

5. 化工厂中用计算机系统控制物料配比、温度调节、阀门开头的应用属于（　　）。
   A. 科学计算　　　　　　　　　　B. 过程控制
   C. 数据处理　　　　　　　　　　D. CAD/CAM

6. （　　）连同有关文档的集合称为软件。
   A. 程序和数据　　B. 程序　　　　C. 数据　　　　D. 操作系统

7. Linux 是一种（　　）。
   A. 文字处理系统　　　　　　　　B. 数据库管理系统
   C. 操作系统　　　　　　　　　　D. 鼠标驱动程序

8. CPU 是由控制器和（　　）一起组成的。
   A. 计数器　　　　B. 运算器　　　　C. 存储器　　　　D. 计算器

9.　DRAM 存储器是（　　　）。

    A.　动态随机存储器
    B.　静态随机存储器
    C.　静态只读存储器
    D.　动态只读存储器

10.　在微型计算机中，运算器的主要功能是进行（　　　）。

    A.　算术逻辑运算
    B.　算术运算
    C.　逻辑运算
    D.　算术逻辑运算及全机的控制

11.　（　　　）个二进制位组成一个字节。

    A.　16
    B.　2
    C.　10
    D.　8

12.　ASCII 码是（　　　）位二进制码。

    A.　16
    B.　4
    C.　7
    D.　32

13.　BCD 码是一种用 4 位二进制数来表示一位十进制数，在使用 8421 编码表示 BCD 数时，128 的 BCD 编码为（　　　）。

    A.　100101000
    B.　100101001
    C.　100011000
    D.　1000011000

14.　AI 是（　　　）的英文缩写。

    A.　Automatic Intelligence
    B.　Artifical Intelligence
    C.　Automatic Information
    D.　Artifical Information

15.　大数据的核心就是（　　　）。

    A.　告知与许可
    B.　预测
    C.　匿名化
    D.　规模化

16.　控制面板可以用来（　　　）。

    A.　更改显示器、键盘等硬件的设置
    B.　制作 Windows 启动盘
    C.　设置调制解调器
    D.　前 3 项均可

17.　如果给出的文件名是*.*，其含义是（　　　）。

    A.　当前驱动器上的全部文件
    B.　硬盘上的全部文件
    C.　当前盘当前目录中的全部文件
    D.　根目录中的全部文件

18.　在 Windows 中，为保护文件不被修改，可将它的属性设置为（　　　）。

    A.　隐藏
    B.　只读
    C.　存档
    D.　系统

19.　计算机网络是指（　　　）。

    A.　两个以上性能相同的 CPU 共享存储器的计算机系统
    B.　分布式计算机系统
    C.　由通信线路连接起来的、独立的计算机集合体，每个都有自己的操作系统
    D.　松耦合的多机系统

20.　WAN 和 LAN 是两种计算机网络的分类，前者（　　　）。

    A.　不能实现大范围内的数据资源共享
    B.　可以涉及一个城市，一个国家甚至全世界
    C.　只限于十几公里内，以一个单位或一个部门为限
    D.　只能在一个单位内管理几十台到几百台计算机

21. 负责各个计算机之间的信息传输的是（　　　）。

    A. 网络操作系统　　　　　　　　　B. 网络通信软件

    C. 网络协议　　　　　　　　　　　D. 网络管理软件

22. Web 上每个网页都有一个独立的地址，这些地址称作统一资源定位器，即（　　　）。

    A. URL　　　　　　　　　　　　　B. WWW

    C. HTTP　　　　　　　　　　　　 D. USL

23. 科学思维包括理论思维、实验思维和（　　　）。

    A. 形象思维　　　　　　　　　　　B. 开放思维

    C. 计算思维　　　　　　　　　　　D. 逻辑思维

24. 某个结点或线路故障会造成整个网络故障的拓扑结构是（　　　）。

    A. 总线型拓扑结构　　　　　　　　B. 星形拓扑结构

    C. 环形拓扑结构　　　　　　　　　D. 树形拓扑结构

25. 云计算就是把计算资源都放到（　　　）上。

    A. 对等网　　　　　　　　　　　　B. Internet

    C. 广域网　　　　　　　　　　　　D. 无线网

26. 连接到物联网上的物体都应该具有 4 个基本特征，即地址标识、感知能力、（　　　）、可以控制。

    A. 可访问　　　　　　　　　　　　B. 可维护

    C. 通信能力　　　　　　　　　　　D. 计算能力

27. 在有一台主机的 IP 地址是 210.37.9.199，从此可以判断出该主机所在的网络是（　　　）。

    A. A 类网络　　　　　　　　　　　B. B 类网络

    C. C 类网络　　　　　　　　　　　D. D 类网络

28. 在 Internet 中域名（如 tech.Hainnu.edu.cn）依次表示的含义是（　　　）。

    A. 用户名，主机名，机构名，最高层域名

    B. 用户名，单位名，机构名，最高层域名

    C. 主机名，网络名，机构名，最高层域名

    D. 网络名，主机名，机构名，最高层域名

29. 以下属于多媒体信息的是（　　　）。

    A. 文本　　　　　　　　　　　　　B. 声音

    C. 图形　　　　　　　　　　　　　D. 以上全是

30. （　　　）不属于信息的主要特征。

    A. 时效性　　　　　　　　　　　　B. 不可增值性

    C. 可传递性、共享性　　　　　　　D. 依附性

测试素材
测试 A-1

9.1.2 操作题

1. Windows 操作

📖 【提示】

测试视频
测试 A-1

所有操作在 D:\PCTrain\TA\Windows 文件夹下进行。

① 在 Windows 文件夹下建立一个名为"练习"的新文件夹，并在同一位置为该文件

测试结果
测试 A-1

夹创建快捷方式。

② 将"游戏"文件夹下扩展名为 bmp 的所有文件复制到"图片"文件夹中。

③ 删除"音乐"文件夹中文件名以 h 开头的所有文件。

④ 将"游戏"文件夹中 picture.fla 文件重命名为"扫雷.fla"。

⑤ 在 C 盘中搜索扩展名为 ini 的文件,并复制 2 个小于 5 KB 的文件到 D:\PCTrain\TA\Windows 文件夹下。

2. Word 操作

📖【提示】

对 D:\PCTrain\TA\Word1.docx 文件进行操作,并以原文件名保存。

① 页面设置:纸型为 16 开,上下页边距均为 2.5 厘米,左右页边距均为 3 厘米,装订线位置左端 0.5 厘米。

② 字符格式设置:输入标题"竹之遐想"并设置为隶书、二号、绿色、加粗、居中;正文部分为黑体、小四。段落设置为首行缩进 2 个汉字、段前 1 行、18 磅行距。

③ 正文第 2 段加 25% 的蓝色底纹。

④ 页眉页脚设置:页眉区显示"散文选",格式为仿宋、小四、蓝色、居中对齐方式;在页脚区右端显示页码。

⑤ 插入 D:\PCTrain\TA 中的图片"竹子.jpg",并设置高度 4 厘米、宽度 6 厘米、环绕方式为紧密型,置于文档左上角。

⑥ 在文档末尾插入表格,要求表格内容水平垂直均对齐,外部框线红色、2.25 磅,内部框线蓝色、1.5 磅,表格效果如图 9.1 所示。

基　本　信　息					
姓名		性别	年龄	民族	照片
政治面貌		籍贯			
学　习　情　况					
小学					
中学					
大学					
其他					
个人总结					

图 9.1
表格效果图

3. Excel 操作

📖【提示】

对 D:\PCTrain\TA\Excel1.xlsx 文件进行操作,并以原文件名保存。

① 在 Sheet1 工作表第 1 列前插入一列,在 A2 单元格中输入"学号",在 A3:A23 单元格区域中填充数据:01、02…21;将 Sheet1 所有数据设置为居中对齐、数值型数据、小数点后保留 1 位。

② 将 Sheet1 工作表中英语不及格的同学的该科成绩以加粗红色显示。

③ 用函数或公式求出各个学生的总分、平均分、总评(平均分大于等于 80 则总评为"优秀",小于 80 且大于等于 60 则为"及格",否则为"不及格")。

④ 在 Sheet1 中筛选出平均分小于 60 分的记录，复制到 Sheet2 中。

⑤ 根据 Sheet3 中的数据创建一个内嵌的折线图表，如图 9.2 所示。

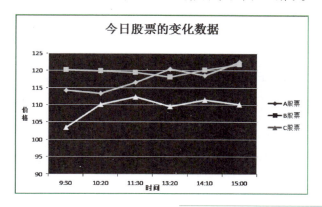

图 9.2
图表效果图 1

4. PowerPoint 操作

📖【提示】

题目中所需的素材均保存在 D:\PCTrain\TA\文件夹中。

① 根据 D:\PCTrain\TA 中的文件"经典电影介绍.docx"给出的内容，采用适合的版式创建一个演示文稿，其中第 1 张为标题幻灯片，标题为"经典电影介绍"，副标题为"好电影是精神的盛宴"。

② 采用相应的版式，建立 5 张幻灯片。

③ 自选一种幻灯片主题。

④ 利用母版统一设置演示文稿中的幻灯片的格式。设置日期为自动更新，页脚设置为"经典电影"；在每张幻灯片右上角统一插入图片 movier.jpg（标题幻灯片除外）。

⑤ 根据第 2 张幻灯片中各个项目，分别设置到相应幻灯片（第 3 张～第 6 张）的超级链接，并通过设置一个动作按钮返回第 2 张（目录）幻灯片。

⑥ 设置第 3 张幻灯片图片对象，设置动画为强调、放大、慢速。

⑦ 设置幻灯片配色方案：填充为红色，强调文字和超级链接为黄色。

⑧ 将演示文稿命名为"经典电影介绍.pptx"，保存在 D:\PCTrain\TA 中。参考效果如图 9.3 所示。

测试素材
测试 A-4

测试视频
测试 A-4

测试结果
测试 A-4

图 9.3
演示文稿效果图 1

9.2　综合测试（B）

综合测试 B
选择题测试

9.2.1　选择题

1. 在计算机内部，把汉字表示为（　　）字节的二进制编码，这种编码称为机内码。
   A. 4　　　　　　　　　　　　　　　B. 1
   C. 2　　　　　　　　　　　　　　　D. 16

2. 在微型计算机中，应用最普遍的字符编码是（　　）。
   A. 汉字编码　　　　　　　　　　　B. BCD 码
   C. ASCII 码　　　　　　　　　　　D. 补码

3. 下列各种进制的数中，最小的数是（　　）。
   A. （2B）$_H$　　　　　　　　　　　B. （101001）$_B$
   C. （52）$_O$　　　　　　　　　　　D. （44）$_D$

4. 在计算机内部，传送、存储、加工处理的数据或指令都是以（　　）的形式进行的。
   A. 二进制码　　　　　　　　　　　B. 五笔字型码
   C. 八进制码　　　　　　　　　　　D. 拼音简码

5. 在计算机领域中，通常用英文单词 Byte 来表示（　　）。
   A. 二进制位　　　　　　　　　　　B. 字
   C. 字长　　　　　　　　　　　　　D. 字节

6. 在计算机领域中，通常用主频来描述（　　）。
   A. 计算机的可运行性　　　　　　　B. 计算机的运算速度
   C. 计算机的可靠性　　　　　　　　D. 计算机的可扩充性

7. 在计算机中，将汇编语言转换为机器语言的过程称为（　　）。
   A. 解释　　　　　　　　　　　　　B. 编译
   C. 汇编　　　　　　　　　　　　　D. 翻译

8. Cache 是 CPU 和内存之间存取信息的桥梁，它的速度是 DRAM 的（　　）倍左右。
   A. 2　　　　　　　　　　　　　　　B. 10
   C. 5　　　　　　　　　　　　　　　D. 1

9. 计算机操作系统的主要作用是（　　）。
   A. 控制和管理计算机软件、硬件资源
   B. 实现计算机与用户之间的信息交换
   C. 实现计算机硬件与软件之间信息的交换
   D. 实现计算机程序代码的转换

10. 操作系统是一种（　　）。
    A. 管理各类计算机系统资源，为用户提供友好界面的一组管理程序
    B. 使计算机便于操作的硬件
    C. 计算机的操作规范
    D. 便于操作的计算机系统

11. 大数据不是要教机器像人一样思考，相反，它是（　　　）。

    A. 把数学算法运用到海量的数据上来预测事情发生的可能性

    B. 被视为人工智能的一部分

    C. 被视为一种机器学习

    D. 预测与惩罚

12. 呈现灰色字符的菜单命令表示（　　　）。

    A. 该命令已使用 3 次以上了

    B. 在当前状态下，用户不能选择该命令

    C. 选择该命令后出现对话框

    D. 选择该命令后弹出一个下拉子菜单

13. "画图"程序是用于编辑（　　　）的。

    A. Word 文档   B. 图像文件

    C. 文本文件   D. 网页

14. 实现对多个不连续对象的选定操作，需要使用（　　　）和鼠标组合起来使用。

    A. Shift 键   B. Alt 键

    C. Ctrl 键   D. Ctrl+Alt 组合键

15. 属于网络拓扑结构（　　　）。

    A. 总线结构   B. 星状结构

    C. 环状结构   D. 以上都是

16. Hub 指的是（　　　）。

    A. 集线器   B. 网卡

    C. 交换机   D. 路由器

17. FTP 在计算机网络中的含义是（　　　）。

    A. 超文本链接   B. 远程登录

    C. 文件传输协议   D. 公告牌

18. 人类应具备的三大思维能力是指（　　　）。

    A. 抽象思维、逻辑思维和形象思维   B. 实验思维、理论思维和计算思维

    C. 逆向思维、演绎思维和发散思维   D. 计算思维、理论思维和辩证思维

19. 下列网络属于局域网的是（　　　）。

    A. 上海热线   B. Internet

    C. 校园网   D. 中国教育网

20. 合法的 IP 地址是（　　　）。

    A. 202, 123, 34, 24   B. 202, 114, 300, 45

    C. 202.234.142.67   D. 203.112.70

21. 下开放互连（OSI）模型描述（　　　）层协议网络体系结构。

    A. 4   B. 5

    C. 6   D. 7

22. 计算机网络的最大优点是（　　　）。

    A. 加快计算   B. 共享资源

    C. 增大容量   D. 节省人力

23. 下面关于域名内容正确的是（　　　）。

A. ac 代表美国，gov 代表政府机构

B. cn 代表中国，gov 代表政府机构

C. cn 代表中国，gov 代表科研机构

D. uk 代表中国，edu 代表科研机构

24. SaaS 是（　　）的简称。

    A. 软件即服务　　　　　　　　　　B. 平台即服务

    C. 基础设施即服务　　　　　　　　D. 硬件即服务

25. 物联网的核心和基础是（　　）。

    A. 无线通信网　　　　　　　　　　B. 传感器网络

    C. 互联网　　　　　　　　　　　　D. 有线通信网

26. Internet 中 DNS 的含义是（　　）。

    A. 域名管理　　　　　　　　　　　B. 数据网络管理

    C. 服务管理　　　　　　　　　　　D. 邮件管理

27. 属于集中控制方式的网络拓扑结构是（　　）。

    A. 星形结构　　　　　　　　　　　B. 环形结构

    C. 总线结构　　　　　　　　　　　D. 树形结构

28. 以下（　　）不是多媒体信息处理的关键技术。

    A. 数据压缩技术　　　　　　　　　B. 大容量光盘存储技术

    C. 多媒体网络技术　　　　　　　　D. 图形图像处理技术

29. 属于声音文件格式的是（　　）。

    A. WAV　　　　　　　　　　　　　B. MP3

    C. MID　　　　　　　　　　　　　D. 全部属于

30. 要想让机器具有智能，必须让机器具有知识。因此，在人工智能中有一个研究领域，主要研究计算机如何自动获取知识和技能，实现自我完善，这门研究分支学科称为（　　）。

    A. 专家系统　　　　　　　　　　　B. 机器学习

    C. 神经网络　　　　　　　　　　　D. 模式识别

测试素材
测试 B-1

9.2.2　操作题

1. Windows 操作

📖【提示】

测试视频
测试 B-1

所有操作在 D:\PCTrain\TB\Windows 文件夹下进行。

① 在 PPT 文件夹中建立一个名为"素材"的新文件夹，并在"素材"文件夹中建立名为"图片"子文件夹。

② 将 Word 文件夹中的 Excel 文件移动到 Excel 文件夹中。

③ 在 Word 文件夹新建一个名为"概述.docx"的 Word 文档，并输入以下内容：

Word 是一个文字处理软件

测试结果
测试 B-1

④ 删除 PPT 文件夹中最后修改过的演示文稿文件。

⑤ 将 PPT 文件夹中的"课件.docx"文件属性设置为"只读"。

2. Word 操作

📖【提示】

对 D:\PCTrain\TB\Word2.docx 文件进行操作，并以原文件名保存。

① 所有正文字体设置为"宋体"，字号设置为四号。

② 标题"可穿在身上的电脑"设置为"标题 1"样式，样式修改为黑体，居中。

③ 为各段设置段落格式：首行缩进 2 字符；行距为固定值 22 磅。

④ 设第 1 段首字下沉 2 行，首字字体设为"隶书"，距正文距离为 0.1 厘米。

⑤ 设置样张所示的页面边框。

⑥ 将正文第 4 段分两栏排列，栏宽相等，加分隔线。

⑦ 设置文档背景色为"浅绿色"。文档效果如图 9.4 所示。

图 9.4
文档效果图

测试素材
测试 B-2

测试视频
测试 B-2

测试结果
测试 B-2

测试素材
测试 B-3

3. Excel 操作

📖【提示】

对 D:\PCTrain\TB\Excel2.xlsx 文件进行操作，并以原文件名保存。

① 在 Sheet1 工作表的第 1 行前插入一行，在该行第 1 个单元格中输入"海口市各中学主科平均分比较表"，并设置 A 列～E 列跨列居中，并设置字体格式为 16 磅、黑体、加粗、蓝色。

测试视频
测试 B-3

测试结果
测试 B-3

② 在 Sheet1 工作表中，用函数或公式在相应单元格中求出各科的总分、最高分和最低分。

③ 在 Sheet1 工作表中，给数据列表加上边框线，其外边框线为双线蓝色，内边框线为红色，如图 9.5 所示。

④ 把 Sheet1 中 A2:E10 区域数据（不含格式和公式）复制到 Sheet2 中，按总分从高到低排序，把 Sheet2 工作表重命名为"排序表"。

⑤ 根据 Sheet1 中的数据创建一个内嵌的三维簇状柱形图表，如图 9.6 所示。

图 9.5
Sheet1 工作表
效果图

	A	B	C	D	E
1	海口市各中学主科平均分比较表				
2	学校	语文	数学	英语	总分
3	一中	88	90	92	270
4	二中	85	84	88	257
5	三中	80	83	81	244
6	四中	90	86	86	262
7	五中	78	75	76	229
8	六中	81	78	80	239
9	七中	70	71	74	215
10	八中	65	68	70	203
11					
12	最高分	90	90	92	
13	最低分	65	68	70	

图 9.6
图表效果图 2

4．PowerPoint 操作

📖【提示】

题目中所需的素材均保存在 D:\PCTrain\TB\文件夹中。

① 按 D:\PCTrain\TB 中的文件"沟通.docx"给出的内容采用适合的版式创建一演示文稿，其中第 1 张幻灯片为标题幻灯片，第 2 张幻灯片为标题和内容幻灯片。

② 插入图片 bj.jpg 作为所有幻灯片的背景图片；所有幻灯片的标题统一设置为华文行楷、54 磅、白色；文本内容统一设置为隶书、36 磅、白色。

③ 第 3 张与第 4 张幻灯片的位置互换。

④ 根据文稿内容和标题，建立第 2 张目录到第 3 张~第 6 张幻灯片的正确链接，在第 3 张~第 6 张幻灯片中设置动作按钮超级链接，使在第 3 张~第 6 张幻灯片能正确返回第 2 张幻灯片。

⑤ 设置每张幻灯片不同的页面切换效果，且所有标题为"回旋"动画效果。演示文稿效果如图 9.7 所示。

测试素材
测试 B-4

测试视频
测试 B-4

测试结果
测试 B-4

图 9.7
演示文稿效果图 2

⑥ 将演示文稿命名为"沟通的意义.pptx"，保存在 D:\PCTrain\TB 中。

9.3 综合测试（C）

9.3.1 选择题

综合测试 C
选择题测试

1. 删除 Windows 桌面上某个应用程序的图标，意味着（　　　）。
   A. 只删除了图标，对应的应用程序被保留
   B. 该应用程序连同其图标一起被删除
   C. 只删除了该应用程序，对应的图标被隐藏
   D. 该应用程序连同其图标一起被隐藏

2. （　　　）是指用计算机模拟人类的智能。
   A. 科学计算　　　　　　　　　B. 虚拟现实
   C. 人工智能　　　　　　　　　D. 多媒体

3. 第 1 次提出了计算机的存储概念，并确定了计算机的基本结构的人是（　　　）。
   A. 牛顿　　　　　　　　　　　B. 冯·诺伊曼
   C. 爱因斯坦　　　　　　　　　D. 爱迪生

4. 冯·诺伊曼关于计算机工作原理的设计思想是（　　　）。
   A. 程序编制　　　　　　　　　B. 程序设计
   C. 程序存储　　　　　　　　　D. 算法设计

5. DRAM 的特点是（　　　）。
   A. 其中的信息只能读不能写
   B. 在不断电的条件下，其中的信息保持不变，因而不必定期刷新
   C. 在不断电的条件下，其中的信息不能长时间保持，因而必须定期刷新
   D. 其中的信息断电后不会消失

6. 不属于输入设备的是（　　　）。
   A. 键盘　　　　　　　　　　　B. 光笔
   C. 打印机　　　　　　　　　　D. 鼠标

7. 运算器从（　　　）中取得数据，进行运算。
   A. CPU　　　　　　　　　　　B. 存储器
   C. 控制器　　　　　　　　　　D. I/O 设备

8. 计算机内的数据都是以（　　　）进制表示。
   A. 十　　　　　　　　　　　　B. 二
   C. 八　　　　　　　　　　　　D. 十六

9. Windows 10 是（　　　）操作系统。
   A. 单用户、单任务　　　　　　B. 单用户、多任务
   C. 多用户、单任务　　　　　　D. 多用户、多任务

10. 比较单选框和复选框的功能，以下叙述正确的是（　　　）。
    A. 后者在一组选项中只能选择一个　　B. 一样
    C. 前者在一组选项中只能选择一个　　D. 前者在一组选项中能选择任意项

11. 对 Windows，下列叙述中正确的是（　　　）。

A．Windows 的操作只能使用鼠标

B．在 Windows 中打开的多个窗口，既可平铺，也可层叠

C．Windows 为每一个任务自动建立一个显示窗口，其位置和大小不能改变

D．在不同的磁盘间使用鼠标拖动文件名的方法可实现文件的移动

12．以下关于对窗口与对话框的叙述中，正确的是（　　　）。

A．对话框有菜单而窗口没有

B．窗口可以改变大小而对话框不能

C．窗口有标题而对话框没有

D．窗口有命令按钮而对话框没有

13．最小化窗口与关闭窗口之间的区别是（　　　）。

A．应用程序窗口最小化后仍在内存中运行，而关闭窗口后存入内存

B．应用程序窗口最小化仍在内存中运行，而关闭窗口后退出内存

C．应用程序窗口最小化后退出内存，而关闭窗口后停止运行

D．应用程序窗口最小化后仍在硬盘中运行，而关闭窗口后退出硬盘

14．Internet 最初建目的是用于（　　　）。

A．教育　　　　　　　　　　　　　　B．政治

C．经济　　　　　　　　　　　　　　D．以上都不完全正确

15．Windows NT 操作系统是一种（　　　）操作系统。

A．多任务、多用户　　　　　　　　　B．多任务、单用户

C．单任务、多用户　　　　　　　　　D．单任务、单用户

16．传输介质分为有线介质和无线介质，以下不属于无线介质的是（　　　）。

A．光纤　　　　　　　　　　　　　　B．微波

C．红外线　　　　　　　　　　　　　D．卫星通信

17．计算机网络按其覆盖的范围，可划分为（　　　）。

A．电路交换网和分组交换网

B．以太网和移动通信网

C．星形结构、环形结构和总线型结构

D．局域网、城域网和广域网

18．计算机网络的目的是（　　　）。

A．广域网与局域网连接

B．网上计算机之间通信

C．计算机之间互通信息并连上 Internet

D．计算机之间硬件和软件资源的共享

19．Outlook 是一个强大的（　　　）。

A．电子邮件软件　　　　　　　　　　B．浏览器

C．操作系统　　　　　　　　　　　　D．程序设计软件

20．网际快车 FlashGet 可用来（　　　）。

A．传送信息　　　　　　　　　　　　B．浏览网页

C．下载文件　　　　　　　　　　　　D．上传文件

21．以下关于计算思维的说法错误的是（　　　）。

A．是一种计算机的思维　　　　　　　B．是一种人类的思维

C. 是一种科学思维方法　　　　　　D. 是一种抽象的思想

22. 虚拟化资源是指一些可以实现一定操作具有一定功能，但其本身是（　　　）的资源，如计算池、存储池和网络池、数据库资源等，通过软件技术来实现相关的虚拟化功能包括虚拟环境、虚拟系统、虚拟平台。

  A. 虚拟　　　　　　　　　　　　B. 物理

  C. 真实　　　　　　　　　　　　D. 实体

23. Photoshop 软件是一种（　　　）。

  A. 图像处理软件　　　　　　　　B. 动画制作软件

  C. 视频处理软件　　　　　　　　D. 声音编辑软件

24. 物联网的一个重要功能是促进（　　　），这是互联网、传感器网络所不能及的。

  A. 自动化　　　　　　　　　　　B. 智能化

  C. 低碳化　　　　　　　　　　　D. 无人化

25. 下面对信息的理解错误的是（　　　）。

  A. 信息不会随时间的推移而变化

  B. 天气预报可反映出信息的时效性

  C. 刻在甲骨文上的文字说明信息的依附性

  D. 盲人摸象引出信息具有不完全性

26. 人工智能的目的是让机器能够（　　　），以实现某些脑力劳动的机械化。

  A. 具有完全的智能　　　　　　　B. 和人脑一样考虑问题

  C. 完全代替人　　　　　　　　　D. 模拟、延伸和扩展人的智能

27. 大数据是指不用随机分析法这样的捷径，而采用（　　　）的方法。

  A. 所有数据　　　　　　　　　　B. 绝大部分数据

  C. 适量数据　　　　　　　　　　D. 少量数据

28. 下列说法不正确的是（　　　）。

  A. 触摸屏也是一种多媒体设备　　B. 数码相机也是一种多媒体设备

  C. 打印机不是多媒体设备　　　　D. 操纵杆也是一种多媒体设备

29. 使用数字波形法表示声音信息，采样频率越高，则数据量（　　　）。

  A. 越大　　　　　　　　　　　　B. 越小

  C. 不变　　　　　　　　　　　　D. 不能确定

30. 下面说法正确的是（　　　）。

  A. 信息能够独立存在　　　　　　B. 信息不能分享

  C. 信息反映的是时间永久状态　　D. 信息需要依附于一定的载体

9.3.2　操作题

1. Windows 操作

📖【提示】

在 D:\PCTrain\TC\Windows 文件夹下进行以下操作。

① 在 Computer 文件夹中建立一个画图程序的快捷方式。

② 打开 Computer 文件夹中 my.txt 文件，将内容修改为"这是记事本文件。"

测试素材
测试 C-1

测试视频
测试 C-1

测试结果
测试 C-1

③ 把 Temp 及其子文件夹中的所有文本文件复制到 Bak 文件夹中。

④ 删除 T1 文件夹中的 T-11 文件夹；把 Bak 文件夹重命名为"备份"。

⑤ 打开 Temp 文件夹中 abc.pptx 文件"属性"对话框，将该对话框画面复制并命名为图片文件"属性.png"保存在 Computer 文件夹中。

2．Word 操作

测试素材
测试 C-2

测试视频
测试 C-2

测试结果
测试 C-2

📖【提示】

对 D:\PCTrain\TC\Word3 .docx 文件进行操作，并以原文件名保存。

① 将页面设置为：A4 纸，上、下页边距为 3 厘米，左、右页边距为 2.5 厘米，每页 39 行，每行 40 个字符。

② 设置正文所有的段落首行缩进 2 字符，1.5 倍行距。

③ 参考样张，在适当位置插入竖排文本框"日光城拉萨"，设置其字体格式为华文新魏、小一、红色，并设置文本框环绕方式为四周型，填充浅蓝色。

④ 将正文中"拉萨市最繁华的是八角街。"一句设置为加粗、蓝色、加双删除线。

⑤ 设置页面边框为样张所示艺术型边框。

⑥ 给文章添加页脚：奇数页页脚为"拉萨"，偶数页页脚为"日光城"，对齐方式均为居中。

⑦ 参考样张，如图 9.8 所示，在正文适当位置以四周型环绕方式插入试题文件夹中的图片"日光城拉萨.jpg"，并设置图片高度、宽度大小缩放 200%。

测试素材
测试 C-3

测试视频
测试 C-3

图 9.8
文本框示意图

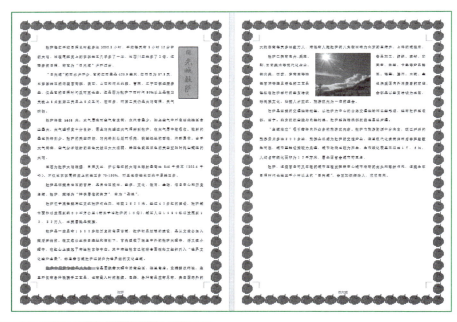

3．Excel 操作

测试结果
测试 C-3

📖【提示】

对 D:\PCTrain\TC\Excel3.xlsx 文件进行操作，并以原文件名保存。

① 在 Sheet1 工作表中，用自动填充的方式在 A4:A14 单元格中输入"二月"至"十二月"，"赢利率"列的数据为百分比格式，"月赢利额"列的数据为货币格式。

② 在 Sheet1 工作表中，用函数或公式在相应单元格中求出月销售额、月赢利额（月赢利额=月销售额×月赢利率）。

③ 在 Sheet2 中完成操作：在第 3 行之前插入一空行；删除多余工作表（没数据的空白工作表）。

④ 把 Sheet2 命名为"分类汇总表"；分类汇总各省学生人数、入学成绩平均值。

⑤ 根据 Sheet1 中数据创建一个内嵌的分离型三维饼图图表，如图 9.9 所示。

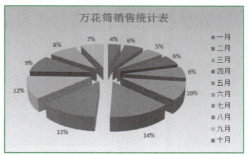

图 9.9
图表效果图 3

4. PowerPoint 操作

📖【提示】

对 "D:\PCTrain\TC\领导艺术.pptx" 文件进行操作，并以原文件名保存。

① 删除最后一张幻灯片；调换第 3 张和第 4 张幻灯片位置。

② 为演示文稿设置"聚合"主题；设置幻灯片编号和页脚，页脚内容为"领导艺术"。

③ 统一设置各张幻灯片的标题为华文彩云、44 磅、加粗；统一在各张幻灯片的右上角插入图片"握手.jpg"。

④ 各张幻灯片的标题对象统一设置"随机线条"动画效果；并设置各张幻灯片的切换效果为"传送带"；设置播放最后一张幻灯片时有"鼓掌"声音效果，持续时间为 5 s。

⑤ 根据第 2 张幻灯片的内容，分别建立到第 3 张～第 6 张幻灯片的超级链接；并使用动作按钮分别从第 3 张～第 6 张幻灯片返回到第 2 张幻灯片，按钮上添加文字"返回第二张"，效果如图 9.10 所示。

测试素材
测试 C-4

测试视频
测试 C-4

测试结果
测试 C-4

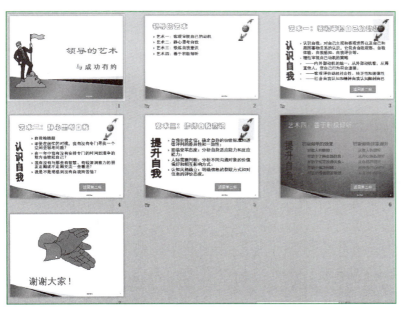

图 9.10
演示文稿效果图 3

9.4 综合测试（D）

综合测试 D
选择题测试

•9.4.1 选择题

1. 计算机的基本组成是（   ）。
   A. 主机、输出设备、显示器
   B. 主机、输入设备、存储器
   C. 微处理器、存储器、输入输出设备
   D. 键盘、显示器、打印机、运算器

2. 两个字节表示（   ）二进制位。
   A. 8 位   B. 16 位
   C. 32 位   D. 4 位

3. 速度快、分辨率高的打印机类型是（   ）。
   A. 击打式打印机   B. 非击打式打印机
   C. 激光式打印机   D. 点阵式打印机

4. 下列存储器中，只有（   ）能够直接与 CPU 交换数据。
   A. 辅助存储器   B. CD-ROM 光盘
   C. 内存储器   D. 外存储器

5. 下列 4 种存储器中，存取速度最快的是（   ）。
   A. 硬盘   B. U 盘
   C. 光盘   D. 内存储器

6. 在计算机中，VGA 的含义是（   ）。
   A. 显示标准   B. 计算机型号
   C. 硬盘型号   D. 显示器型号

7. 十进制数 415 转换为二进制数是（   ）。
   A. $(100010001)_B$ B. $(111101110)_B$
   C. $(100000000)_B$ D. $(110011111)_B$

8. 在计算机术语中经常用 RAM 表示（   ）。
   A. 动态随机存储器   B. 只读存储器
   C. 可编程只读存储器   D. 随机存储器

9. 大写字母 A 的 ASCII 为十进制 65，ASCII 码为十进制 68 的字母是（   ）。
   A. D   B. B
   C. C   D. E

10. 汉字机内码占（   ）个字节。
    A. 3   B. 1
    C. 2   D. 4

11. 建立在相关关系分析法基础上的预测是大数据的（   ）。
    A. 基础   B. 前提
    C. 核心   D. 条件

12. Windows 环境下的操作特点是（   ）。

A.　按 Ctrl+Shift 组合键可在不同窗口间切换

B.　只能用鼠标进行操作

C.　打开对象必须用双击鼠标的方法

D.　先选中操作对象，后选择命令

13.　以下关于"回收站"的叙述中，正确的是（　　　　）。

A.　回收站的内容可以恢复，但只能恢复一部分内容

B.　暂存硬盘上被删除的对象

C.　回收站的内容不可以恢复

D.　回收站的内容不占用硬盘空间

14.　在 Windows 中，要关闭当前程序窗口，可以按（　　　　）组合键。

A.　Ctrl+F4　　　　　　　　　　B.　Alt+Crtl

C.　Alt+F3　　　　　　　　　　D.　Alt+F4

15.　可以作为网络通信传输媒体的介质是（　　　　）。

A.　光纤　　　　　B.　双绞线　　　　C.　自由空间　　　　D.　前 3 项均可

16.　网络适配器是指（　　　　）。

A.　路由器　　　　B.　交换机　　　　C.　集线器　　　　D.　网卡

17.　在下列选项中，（　　　　）不是计算机局域网。

A.　Windows NT 网　　　　　　　B.　Internet

C.　Novell 网　　　　　　　　　D.　以太网

18.　B 类 IP 地址的子网掩码一般为（　　　　）。

A.　255.255.0.0　　　　　　　　B.　255.255.255.0

C.　255.0.0.0　　　　　　　　　D.　255.255.0.255

19.　在计算机网络中，通常把提供并管理共享资源的计算机称为（　　　　）。

A.　网关　　　　　　　　　　　B.　服务器

C.　工作站　　　　　　　　　　D.　网桥

20.　本课程中拟学习的计算思维是指（　　　　）。

A.　计算机相关的知识

B.　算法与程序设计技巧

C.　蕴含在计算学科知识背后的具有贯通性和联想性的内容

D.　知识与技巧的结合

21.　（　　　　）是一种保护计算机网络安全的技术性措施，是一个用以控制进/出两个方面通信的门槛。

A.　加密　　　　　　　　　　　B.　身份验证

C.　访问控制　　　　　　　　　D.　防火墙控制

22.　计算机网络间相互通信，一定要有一个通信规范来约定，这个约定是（　　　　）。

A.　网络协议　　　　　　　　　B.　信息交换方式

C.　传输装置　　　　　　　　　D.　分类标准

23.　下列属于操作系统的是（　　　　）。

A.　Word　　　　　　　　　　　B.　Oracle

C.　SQL　　　　　　　　　　　D.　Linux

24.　张三想把 VCD 光盘中的一段视频截取下来，能完成该任务的软件是（　　　　）。

    A. Word
    B. Photoshop
    C. GoldWave
    D. Premiere

25. 云计算是对（　　　）技术的发展与运用。

    A. 并行计算
    B. 网格计算
    C. 分布式计算
    D. 以上 3 个选项都是

26. 传感器已是一个非常（　　　）概念，能把物理世界的量转换成一定信息表达的装置，都可以被称为传感器。

    A. 专门的
    B. 狭义的
    C. 学术的
    D. 宽泛的

27. 自然语言理解是人工智能的重要应用领域，下面选项中的（　　　）不是它要实现的目标。

    A. 理解别人讲的话

    B. 对自然语言表示的信息进行分析概括或编辑

    C. 欣赏音乐

    D. 机器翻译

28. 下列关于计算机动画的说法，不正确的是（　　　）。

    A. 逐帧动画的每一帧画面都必须要制作

    B. 如果角色的变化没有规律可循，则只能制作逐帧动画

    C. 渐变动画是由计算机自动计算来产生中间的变化过程

    D. 二维动画就是逐帧动画，三维动画就是渐变动画

29. 关于声音媒体的说法中，以下不正确的是（　　　）。

    A. 在多媒体技术中，通常将处理的声音媒体分为语音、音乐和音效 3 类

    B. 声音属于听觉媒体

    C. 人们能听到超声波和次声波

    D. 声音分为无规则的噪声和有规则的音频信号

30. IPSec 属于（　　　）上的安全机制。

    A. 传输层
    B. 数据链路层
    C. 网络层
    D. 应用层

● 9.4.2　操作题

1. Windows 操作

📖【提示】

在 D:\PCTrain\TD\Windows 文件夹下进行以下操作。

① 在 D:\ PCTrain\TD\Windows 中分别创建 3 个子文件夹 Word、Excel 和 PowerPoint，文件夹结构如图 9.11 所示。

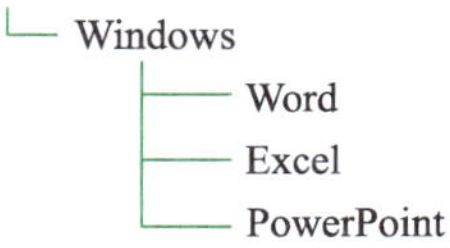

```
        └── Windows
              ├── Word
              ├── Excel
              └── PowerPoint
```

图 9.11
文件夹结构图 1

② 将 D:\PCTrain 文件夹中扩展名为 docx、xlsx 和 pptx 3 类文件分别复制到以上所创建的 Word、Excel 和 PowerPoint 3 个子文件夹中。

③ 删除 Word 子文件夹最后修改的 2 个文件和 PowerPoint 子文件夹中容量最大的文件。

④ 取消 Excel 子文件夹中文件的"只读"属性；将 PowerPoint 子文件夹中的所有扩展名为 pptx 文件设置为"只读"的文件属性。

⑤ 打开 PowerPoint 子文件夹中某个文件的属性对话框，将该对话框画面复制到 Word 文档并保存于 PowerPoint 子文件夹中，文件名为"属性对话框.docx"。

2. Word 操作

📖【提示】

对 D:\PCTrain\TD\Word4.docx 文件进行操作，并以原文件名保存。

① 设置页面格式，纸张大小为 B5，页边距"普通"或"常规"。

② 标题设置为艺术字，格式自选，字号为一号。

③ 正文设置为楷体、四号；第 1 段分两栏，第 3 段加红色波浪线边框。

④ 设置页眉为"演说之道"，仿宋、小五、蓝色、居中；页脚插入页码，格式为"带状物"。

⑤ 根据图 9.12 所示，在文档末尾完成表格的制作，要求内容、格式基本一致。

应　聘　登　记　表					
姓名		性别	出生年月		婚姻状况
文化程度		专业			英语水平
学习工作经历					
起始日期	终止日期	所在单位		从事何种工作	
有何要求					
业务专长					
通讯地址					
联系电话			邮政编码		

图 9.12
样表

3. Excel 操作

📖【提示】

对 D:\PCTrain\TD\Excel4.xlsx 文件进行操作，并以原文件名保存。

① 在 Sheet1 表左边插入一列，字段为"学号"，序号为"01、02、03、04……"，将"英语"与"计算机"两列互换位置。

② 在 Sheet1 工作表中，计算出总分和平均成绩，小数点后保留 1 位，以及每科不及格人数；红色显示平均分大于 60 分的学生姓名。

③ 在 Sheet1 工作表中，根据总分递减排序，如总分相同，则根据英语分数的递减排序。

测试素材
测试 D-1

测试视频
测试 D-1

测试结果
测试 D-1

测试素材
测试 D-2

测试视频
测试 D-2

测试结果
测试 D-2

测试素材
测试 D-3

测试视频
测试 D-3

测试结果
测试 D-3

④ 在 Sheet1 工作表中，筛选出平均分大于或等于 80 分且计算机大于或等于 90 分的学生的信息，并把筛选结果复制至 Sheet2 工作表。

⑤ 根据 Sheet2 工作表的数据生成图表，只选择学生姓名、平均成绩。图表设置：三维簇状柱形图，图表标题为"优秀学生平均成绩图表"，主要刻度单位为 20，图例靠上，图表效果如图 9.13 所示。

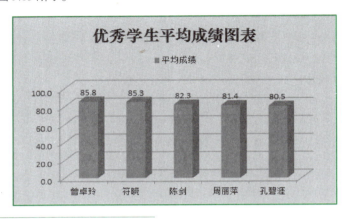

图 9.13
图表效果图 4

4. PowerPoint 操作

📖【提示】

根据 D:\PCTrain\TD\企业文化.docx 文档的内容，创建演示文稿"企业文化.pptx"，保存于 D:\PCTrain\TD 文件夹中。

测试素材
测试 D-4

测试视频
测试 D-4

测试结果
测试 D-4

① 第 1 张幻灯片为标题幻灯片，内容是：主标题"企业文化"（艺术字）、副标题（内容自定）。

② 第 2 张幻灯片为标题和内容幻灯片，以文档中 4 个小标题为项目内容；并选用"网格"主题，标题大小 54 磅。

③ 第 3 张～第 6 张幻灯片版式根据内容确定，内容分别为文档中各部分的内容，统一格式为：幻灯片上方显示对应标题，大小为 48 磅；下方介绍其内容，大小 28 磅。

④ 第 1 张幻灯片中插入图形，图形来自 D:\PCTrain\TD 文件夹中的"竹子.jpg"，将图片设置高 8.07 cm，宽 5.4 cm，设置"映像圆角矩形"效果。

⑤ 根据第 2 张幻灯片项目的内容，分别设置各项目到第 3 张～第 6 张幻灯片的超级链接；并在第 3 张～第 6 张幻灯片中插入来自 D:\PCTrain\TD 文件夹中的"返回.jpg"图片作为返回按钮，适当调整图片大小，设置"金属椭圆"效果，放在幻灯片的右下角，设置超级链接到第 2 张幻灯片，实现返回目录的功能。

⑥ 为第 6 张幻灯片内容添加各功能解释，并设置动画为"形状"、效果为"下次单击后隐藏"。

⑦ 对所有幻灯片在页脚中间位置显示页脚"企业文化"，字号为 20 磅；左下角显示幻灯片编号。

⑧ 自行设置各幻灯片的页面切换方式，效果如图 9.14 所示。

图 9.14
演示文稿效果图 4

9.5 综合测试（E）

• 9.5.1 选择题

综合测试 E
选择题测试

1. 世界上第 1 台计算机诞生于（   ）。
   A. 1971 年
   B. 1946 年
   C. 1947 年
   D. 1964 年
2. 以微处理器为核心组成的微型计算机属于（   ）计算机。
   A. 第三代
   B. 第一代
   C. 第二代
   D. 第四代
3. UNIX 系统属于（   ）。
   A. 单任务操作系统
   B. 分时操作系统
   C. 实时操作系统
   D. 网络操作系统
4. 操作系统是计算机系统中的（   ）。
   A. 应用软件
   B. 系统软件
   C. 硬件部件
   D. 外部设备
5. 计算机存储容量通常以 KB 为单位，1 KB 表示（   ）。
   A. 1 000 B
   B. 1 024 B
   C. 1 024 bit
   D. 1 000 bit
6. 计算机的存储系统一般指（   ）。
   A. 软盘和硬盘
   B. 内存和外存
   C. ROM 和 RAM
   D. 磁盘
7. 在衡量计算机的主要性能指标中，字长指的是（   ）。
   A. 计算机的总线数
   B. 计算机运算部件一次能够处理的二进制数据位数
   C. 8 位二进制长度
   D. 存储系统的容量

8. 要退出 Windows，正确方法是（　　　）。

    A. 关闭显示器电源

    B. 单击"关闭"按钮

    C. 直接关闭计算机电源

    D. 选择"开始→关闭计算机"菜单命令

9. 在 Windows 环境中，应用程序之间交换信息可以通过（　　　）进行。

    A. 剪贴板　　　　　　　　　　　　B. "此电脑"图标

    C. 任务栏　　　　　　　　　　　　D. 系统工具

10. Windows 菜单有（　　　）3 类。

    A. 层叠菜单、下拉菜单和弹出菜单

    B. 快捷菜单、下拉菜单和弹出菜单

    C. 层叠菜单、快捷菜单和弹出菜单

    D. 子菜单、下拉菜单和弹出菜单

11. 显示计算机上安装的 Windows 版本号的方法之一是（　　　）。

    A. 右击桌面"此电脑"图标，在弹出的快捷菜单中选择"属性"命令

    B. 右击桌面空白处，在弹出的快捷菜单中选择"属性"命令

    C. 右击任务栏，在弹出的快捷菜单中选择"属性"命令

    D. 右击桌面"开始"按钮，在弹出的快捷菜单中选择"属性"命令

12. 随着大数据的发展，使信息技术变革的重点从关注技术转向关注（　　　）。

    A. 信息　　　　　　　　　　　　　B. 数字

    C. 文字　　　　　　　　　　　　　D. 方位

13. 关于快捷方式的描述，下列描述中不正确的是（　　　）。

    A. 可以为任何一个对象建立快捷方式

    B. 可将快捷方式放置于计算机系统的任意位置

    C. 只能给文件或文件夹建立快捷方式

    D. 删除快捷方式不能删除相关的对象

14. 组建局域网常见的互连设备有（　　　）。

    A. 中继器　　　　　　　　　　　　B. 集线器

    C. 交换机　　　　　　　　　　　　D. 以上都是

15. 以下说法错误的是（　　　）。

    A. IP 地址必须由网络管理员分配　　B. IP 地址必须自动获取

    C. IP 地址可以自动获取　　　　　　D. 以上都不对

16. 若某主机的网址为 210.100.20.10，则其子网掩码可能为（　　　）。

    A. 255.0.0.0　　　　　　　　　　　B. 255.255.255.0

    C. 255.255.0.0　　　　　　　　　　D. 0.0.0.0

17. 根据域名代码规定，域名为 katong.com.cn 表示的网站类别应是（　　　）。

    A. 商业组织　　　　　　　　　　　B. 教育机构

    C. 军事部门　　　　　　　　　　　D. 国际组织

18. 在 ASCII 码表中，ASCII 码值从小到大的排列顺序是（　　　）。

    A. 大写英文字母、小写英文字母、数字

    B. 数字、小写英文字母、大写英文字母

C. 小写英文字母、大写英文字母、数字

D. 数字、大写英文字母、小写英文字母

19. "人"计算与"机器"计算有（　　）差异。

A. "人"计算使用复杂的计算规则，以便减少计算量能够获取结果

B. "机器"计算使用简单的计算规则，以便于能够做出执行规则的机器

C. "机器"计算使用的计算规则可能很简单，但计算量却很大，尽管这样，对越来越多的计算，机器也能够获得计算结果

D. 上述说法都正确

20. IaaS 是（　　）的简称。

A. 软件即服务

B. 平台即服务

C. 基础设施即服务

D. 硬件即服务

21. 扫描仪的色彩位数是 12 位，则它的色彩种类有（　　）种。

A. 256　　　　　　　　　　　　B. 1 024

C. 2 048　　　　　　　　　　　D. 4 096

22. 数码相机的主要技术指标是（　　）。

A. CCD 像素　　　　　　　　　B. 显示屏

C. 存储卡　　　　　　　　　　D. 镜头

23. 对称密钥加密比非对称密钥加密（　　）。

A. 速度慢　　　　　　　　　　B. 速度相同

C. 速度快　　　　　　　　　　D. 通常较慢

24. 故障诊断和隔离比较容易的一种网络拓扑是（　　）。

A. 总线型拓扑

B. 星形拓扑

C. 环形拓扑

D. 以上 3 种网络拓扑的故障诊断和隔离一样容易

25. 计算机网络增强了个人计算机的许多功能，但目前仍办不到的是（　　）。

A. 杜绝计算机病毒感染

B. 资源共享和相互通信

C. 提高可靠性和可用性

D. 银行和企业间传送数据、账单

26. 关于物联网的定义中，关键词为（　　）、约定协议、与互联网连接和智能化。

A. 信息感知设备　　　　　　　B. 信息传输设备

C. 信息转换设备　　　　　　　D. 信息输出设备

27. 下列关于人工智能的叙述不正确的有（　　）。

A. 人工智能技术与其他科学技术相结合极大地提高了应用技术的智能化水平

B. 人工智能是科学技术发展的趋势

C. 因为人工智能的系统研究是从 20 世纪 50 年代才开始的，非常新，所以十分重要

D.　人工智能有力地促进了社会的发展

28. 记录在光盘中的数据属于（　　　）。

A.　模拟信息　　　　　　　　　　　　B.　数字信息

C.　仿真信息　　　　　　　　　　　　D.　广播信息

29. 以下说法中错误的是（　　　）。

A.　CD-ROM 盘片的光道与磁盘的磁道在形状上完全相同

B.　磁盘每条磁道上记录的数据量是相同的

C.　CD-ROM 盘内外光道的位密度是相同的

D.　CD-ROM 有效地利用了光盘的存储空间

30. 口令机制通常用于（　　　）。

A.　认证　　　　　　　　　　　　　　B.　标识一个用户

C.　注册　　　　　　　　　　　　　　D.　授权

9.5.2　操作题

测试素材
测试 E-1

1. Windows 操作

📖【提示】

所有操作在 D:\PCTrain\ TE\Windows 文件夹下进行。

① 在 Windows 文件夹下建立一个名为"大学计算机基础"的文件夹。

② 打开记事本程序，输入个人信息（姓名，学号，院系），并以"我的资料"为文件名保存在"大学计算机基础"文件夹中。

测试视频
测试 E-1

③ 将 Word 文件夹重命名为 PPT，并删除 Excel 文件夹。

④ 把 File 文件夹下大于 5 KB 的文件复制到 BAK 文件夹中。

测试结果
测试 E-1

⑤ 把 KS 里的 KS1 文件夹中所有扩展名为 docx 的文件属性更改为只读。

2. Word 操作

📖【提示】

测试素材
测试 E-2

对 D:\PCTrain\TE\Word5.docx 文件进行操作，并以原文件名保存。

① 设置标题文字"地球仍然是圆的全球化是'平坦的'"字体为"黑体"，字形为"加粗、倾斜"，字号为"小三"，颜色为"蓝色"，对齐方式为"居中"。

② 正文各段文字"不可否认……做任何其他事情。"字体为"宋体"，字号为"小四"。

③ 设置正文第 1 段悬挂缩进"2 字符"。

④ 设置正文第 2 段首字下沉，行数为"2 行"，距正文"25 磅"。

⑤ 设置正文第 3 段边框为"方框"，线型为"实线"，宽度为"1.5 磅"，底纹填充为"绿色"，应用于"段落"。

测试视频
测试 E-2

⑥ 设置正文最后 1 段分栏，栏数为"3 栏"，栏间添加"分隔线"，栏间距为"42 磅"。

⑦ 插入笑脸图，环绕方式为"紧密型"。

测试结果
测试 E-2

⑧ 设置正文第 3 段下画线为"双波浪"。效果如图 9.15 所示。

图 9.15
文档效果图

3. Excel 操作

📖【提示】

测试素材
测试 E-3

对 D:\PCTrain\TE\Excel5.xlsx 文件进行操作，并以原文件名保存。

① 在 Sheet1 工作表中，把标题设置为 16 磅黑体，并合并居中 A1:F1 单元格。给 A1:F9 区域设置为套用表格格式"表格样式中等深浅 5"。

② 使用公式或函数计算平均投资额和合计投资额，并保留 2 位小数，把表格按照平均投资额降序排列。

测试视频
测试 E-3

③ 使用条件格式将投资额度小于 200 亿美元的数据单元格设置为浅红色填充。

④ 在"平均投资额"后再插入新列，设置列的名字为"投资等级"，在"投资等级"列中使用 IF 函数进行计算，如果平均投资额超过 300 亿美元则显示"高额"，否则显示"一般"。

测试结果
测试 E-3

⑤ 根据 Sheet1 工作表中的数据，在 Sheet1 中制作如图 9.16 所示效果的图表。

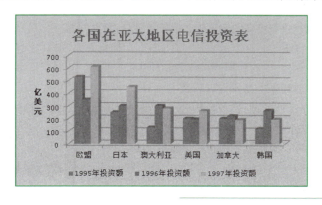

图 9.16
图表效果图 6

4. PowerPoint 操作

① 请按 D:\PCTrain\TE 中的文件"文稿素材.docx"给出的内容采用适合的版式创建

测试素材
测试 E-4

测试视频
测试 E-4

测试结果
测试 E-4

一个演示文稿，其中第 1 张为封面标题页，第 2 张为目录内容页。

② 为演示文稿中的幻灯片设置任意一种主题。

③ 自行设置各张幻灯片中各项内容的格式（字体、字号、颜色、对齐方式等）。

④ 在每一张幻灯片页脚位置显示编号和当前日期。

⑤ 根据文稿内容和标题，建立第 2 张幻灯片至第 3 张～第 5 张幻灯片的正确链接，第 3 张～第 5 张幻灯片能正确返回第 2 张幻灯片，效果如图 9.17 所示。

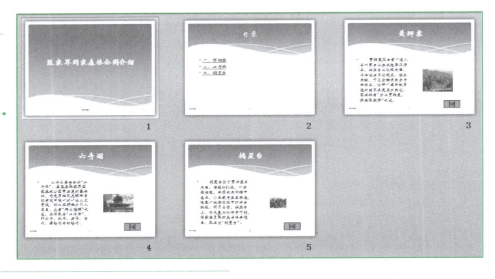

图 9.17
演示文稿效果图 5

⑥ 演示文稿命名为"张家界国家森林公园介绍.pptx"，保存在 D:\PCTrain\TF 文件夹中。

9.6　综合测试（F）

综合测试 F
选择题测试

9.6.1　选择题

1. 采用大规模和超大规模集成电路的计算机属于（　　　）。
   A. 第三代计算机　　　　　　　　　　B. 第一代计算机
   C. 第二代计算机　　　　　　　　　　D. 第四代计算机

2. 利用计算机进行资料检索工作是属于计算机应用中的（　　　）。
   A. 人工智能　　　　　　　　　　　　B. 数据处理
   C. 实时控制　　　　　　　　　　　　D. 科学计算

3. 在计算机应用中，AI 表示（　　　）。
   A. 办公自动化　　　　　　　　　　　B. 管理信息系统
   C. 决策支持系统　　　　　　　　　　D. 人工智能

4. 存储程序和计算机基本结构的思想是由（　　）先提出。
   A. 帕斯卡　　　　　　　　　　　　　B. 比尔·盖茨
   C. 图灵　　　　　　　　　　　　　　D. 冯·诺伊曼

5. 计算机的发展是以（　　　）的发展为核心的。
   A. 硬盘　　　　　　　　　　　　　　B. 内存
   C. 微处理器（CPU）　　　　　　　　D. 芯片

6. 计算机系统与外部交换信息主要通过（　　　）。
   A. 鼠标
   B. 输入输出设备
   C. 键盘
   D. 显示器

7. 通常人们所说的一个完整的计算机系统应包括（　　　）。
   A. 系统软件和应用软件
   B. 主机、键盘、显示器
   C. 计算机和它的外部设备
   D. 计算机的硬件系统和软件系统

8. 使用高级程序设计语言编写的程序称为（　　　）。
   A. 目标程序
   B. 源程序
   C. 可执行程序
   D. 伪代码程序

9. 在操作系统中，文件管理的主要作用是（　　　）。
   A. 实现文件的高速输入输出
   B. 实现对文件按内容存取
   C. 实现按文件属性存取
   D. 实现对文件按名存取

10. 下列操作中，可以在中文输入法与英文输入法间切换的操作是（　　　）。
    A. Alt+Ctrl 组合键
    B. Shift+Ctrl 组合键
    C. Ctrl+Space 组合键
    D. Shift+Space 组合键

11. 在 Windows 中，中英文切换的组合键是（　　　）。
    A. Ctrl+Alt
    B. Ctrl+Shift
    C. Ctrl+Space
    D. Shift+<Space

12. 有关磁盘清理的不正确说法是（　　　）。
    A. 选择"开始→所有程序→Windows 附件→系统工具→磁盘清理"菜单命令，可打开"磁盘清理"对话框
    B. 利用"磁盘清理"程序可以删除临时垃圾文件
    C. 磁盘清理程序对选择的磁盘分区清理后将提高系统的运行速度
    D. 磁盘清理后磁盘上的所有文件将被清除

13. 在计算机应用中，MIS 表示（　　　）。
    A. 办公自动化
    B. 管理信息系统
    C. 决策支持系统
    D. 人工智能

14. 具有多媒体功能的微型计算机系统,常用 CD-ROM 作为外存储器,也称为(　　　)。
    A. 只读存储器
    B. 只读激光存储器
    C. 刻录光盘存储器
    D. 激光唱片

15. 自动计算需要解决的基本问题（　　　）。
    A. 数据的表示
    B. 数据和计算规则的表示
    C. 数据和计算规则的表示与自动存储
    D. 数据和计算规则的表示、自动存储和计算规则的自动执行

16. 将平台作为服务的云计算服务类型是（　　　）。
    A. IaaS
    B. PaaS
    C. SaaS
    D. 三个选项都是

17. SMTP 指的是（　　　）。
    A. 简单邮件传输协议
    B. 文件传输协议
    C. 用户数据报协议
    D. 域名服务协议

18. Internet 电子邮件地址中，不能缺少的一个字符是（　　　）。

A. *   B. M   C. @   D. %

19. IP 地址由（　　）位二进制数组成。

A. 16   B. 4   C. 8   D. 32

20. 向中国因特网管理中心申请域名，其域名以（　　）结尾。

A. cn   B. com   C. edu   D. net

21. 局域网的英文缩写为（　　）。

A. ISDN   B. LAN   C. WAN   D. NCFC

22. 连接到物联网上的物体都应该具有 4 个基本特征，即地址标误、感知能力、（　　）、可以控制。

A. 可访问   B. 可维护   C. 通信能力   D. 计算能力

23. TCP/IP 协议模型中的应用层对应 OSI 参考模型中的（　　）。

A. 应用层   B. 表示层   C. 会话层   D. 以上都是

24. 下面关于快捷方式的说法不正确的是（　　）。

A. 快捷方式可以让用户快速地启动程序或打开文件、文件夹

B. 可以为文件、文件夹及驱动器创建快捷方式

C. 可以在桌面、窗口和开始菜单中建立快捷方式

D. 对快捷方式的删除、复制、重命名操作与文件操作的方法完全不同

25. 在"资源管理器"中，单击文件夹的图标，（　　）。

A. 在左窗格中扩展该文件夹

B. 在右窗格中显示该文件夹中的子文件夹和文件

C. 在右窗格中显示子文件夹

D. 在右窗格中显示该文件夹中文件

26. 大数据的起源是（　　）。

A. 金融   B. 电信

C. 互联网   D. 公共管理

27. 防火墙（　　）。

A. 是在网络服务器所在机房中建立的一栋用于防火的墙

B. 用于限制外界对某特定范围内网络的登录与访问

C. 不限制其保护范围内主机对外界的访问与登录

D. 可以通过在域名服务器中设置参数实现

28. 40 倍速的 CD-ROM 的读取速度是（　　）。

A. 40 KB/s   B. 150 KB/s

C. 4 000 KB/s   D. 6 000 KB/s

29. 下面关于 DVD 的说法中，不正确的是（　　）。

A. DVD 原名为数字视频光盘，现改为数字万用盘

B. DVD 比 VCD 容量小

C. DVD 比 VCD 容量大

D. DVD 能保存视频、音频和计算机数据

30. 计算机病毒的实质是（　　）。

A. 生物病菌   B. 指令代码

C. 杀毒软件处理对象   D. 数据文档

9.6.2 操作题

1. Windows 操作

📖【提示】

所有操作在 D:\ PCTrain\TF\Windows 文件夹下进行。

① 新建一个 PPT 文件夹，并在该文件夹下新建一个名为"个人简介.pptx"的演示文稿文件。

② 将 change 文件夹下的 news.doc 文件类型更改为文本文件，并设置其属性为"只读"。

③ 在计算机中搜索扩展名为 ini 并且小于 10 KB 的文件，复制任意 2 个到 INI 文件夹下。

④ 打开"Windows 任务管理器"对话框，通过"画图"程序将该对话框以图片的方式保存到 picture 文件夹下，命名为 task.png。

⑤ 把 data 文件夹下所有图片文件移动到 picture 文件夹下。

2. Word 操作

📖【提示】

对 D:\PCTrain\TF\Word6.docx 文件进行操作，并以原文件名保存。

① 根据图 9.18 所示的效果样图，对文档 word6.docx 进行格式设置，要求跟样图基本一致。图片素材文件 hua6.jpg 在 D:\PCTrain\TF 文件夹中。

图 9.18
文档效果图 1

② 设置页眉为"感恩亲情"，居中对齐。

③ 根据图 9.19 在文档末尾制作表格，要求跟样图基本一致。

测试素材 测试 F-1
测试视频 测试 F-1
测试结果 测试 F-1

测试素材 测试 F-2
测试视频 测试 F-2
测试结果 测试 F-2

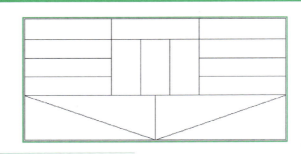

图 9.19
图表效果图 7

3. Excel 操作

📖【提示】

对 D:\PCTrain\TF\Excel6.xlsx 文件进行操作，并以原文件名保存。

在工作表 Sheet1 中完成如下操作：

① 设置 B 列列宽为"12"，第 6 行～第 15 行的行高为"18"。

② 为 D6 单元格添加批注，内容为"全校"。

③ 以"总课时"为关键字，按升序排序。

④ 设置"姓名"列所有单元格的水平对齐方式为"居中"，并添加"单下画线"。

⑤ 利用函数计算各数值列平均数。

⑥ 利用条件格式化功能将"总课时"列中介于 100～600 之间的数据，单元格底纹颜色设为"红色"，如图 9.20 所示。

姓名	课程名称	授课班数	授课人数	课时（每班）	总课时
杨明	哲学	3	88	25	75
成燕	微积分	4	57	21	84
江华	线性代数	3	57	30	90
祁红	英语	3	88	34	102
达晶华	德育	4	50	26	104
艾提	离散数学	6	51	53	318
风玲	政经	6	43	71	426
刘珍	体育	9	58	71	639
平均数		4.75	61.5	41.375	229.75

图 9.20
表格效果图

⑦ 利用课程名称和总课时中的数据建立新图表，图表标题为"总课时表"，图表类型为"簇状柱形图"，并作为新工作表插入，插入后的新工作表名称为"图表 1"，如图 9.21 所示。

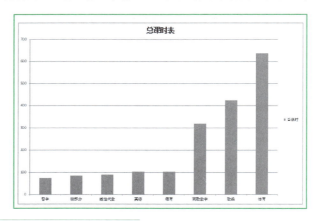

图 9.21
图表效果图

4. PowerPoint 操作

📖【提示】

测试素材
测试 F-4

题目中所需的图片素材均在 D:\PCTrain\TF\ 文件夹中。

① 根据 D:\PCTrain\TF 中的文件"云南风光.docx"给出的内容，采用适合的版式创建一个演示文稿，其中第 1 张为标题幻灯片，标题为"云南旅游风光"，副标题为"云南，不能错过的旅游城市……"。

② 为演示文稿中的幻灯片设置"凤舞九天"主题。

③ 自行设置各张幻灯片中各项内容的格式（字体、字号、颜色、对齐方式等）。

④ 设置幻灯片的页脚信息为"奥运福娃"，显示日期"2012-7-26"。

⑤ 根据文稿内容和标题，创建第 3 张幻灯片至第 4 张～第 8 张幻灯片的正确超级链接。

⑥ 将所有幻灯片设置成统一切换动画效果：百叶窗、单击鼠标换页、风铃声音。

⑦ 将演示文稿命名为"云南风光.pptx"，保存在 D:\PCTrain\TF 中，参考效果如图 9.22 所示。

测试视频
测试 F-4

测试结果
测试 F-4

图 9.22
演示文稿效果图 6

9.7　综合测试（G）

9.7.1　选择题

综合测试 G
选择题测试

1. 以下操作系统中，不是网络操作系统的是（　　）。
   A．Windows NT　　　　　　　　　B．MS-DOS
   C．Windows XP Server　　　　　 D．Netware

2. 关于 ROM 的叙述正确的是（　　）。
   A．ROM 的容量一般比 RAM 要大
   B．ROM 即随机存储器

  C.　ROM 的内容可以用特殊的方法修改

  D.　ROM 中一般存放计算机杀毒程序

3.　计算机的技术性能指标主要是指（　　　）。

  A.　字长、运算速度、内/外存容量和 CPU 的主频

  B.　主机和显示器的档次

  C.　显示器和打印机的档次

  D.　硬盘和内存的容量

4.　数据清洗的方法不包括（　　　）。

  A.　缺失值处理　　　　　　　　　　B.　噪声数据清除

  C.　一致性检查　　　　　　　　　　D.　重复数据记录处理

5.　计算机中能存储数据的最小信息单位是一个二进制位，称为（　　　）。

  A.　KB　　　　　　　　　　　　　B.　bit

  C.　Byte　　　　　　　　　　　　D.　MB

6.　配置高速缓冲存储器（Cache）是为了解决（　　　）。

  A.　主机与外设之间速度不匹配的问题

  B.　CPU 与内存之间速度不匹配的问题

  C.　CPU 与外存之间速度不匹配的问题

  D.　内存与外存之间速度不匹配的问题

7.　微型计算机中的 CPU 是由（　　　）。

  A.　运算器和控制器组成的

  B.　内存储器和外存储器组成的

  C.　微处理器和内存储器组成的

  D.　运算器和寄存器组成的

8.　如果一台计算机不含（　　　），则称之为"裸机"。

  A.　任何软件　　　　　　　　　　　B.　外部设备

  C.　内存　　　　　　　　　　　　　D.　CPU

9.　在 Windows 中，要想将当前窗口的内容存入剪贴板中，可以按（　　　）键。

  A.　Ctrl+V　　　　　　　　　　　B.　Alt+Print Screen

  C.　Print Screen　　　　　　　　　D.　Ctrl+C

10.　Windows 自带的"画图"程序的用途是（　　　）。

  A.　制作幻灯片　　　　　　　　　　B.　文字编辑

  C.　Windows 自带的一个游戏　　　　D.　绘制一些简单的图形

11.　在"资源管理器"窗口选择"查看→详细资料"菜单命令，可了解文件的（　　　）等信息。

  A.　名称、大小、类型、最后修改日期和时间

  B.　名称、大小、类型

  C.　名称、大小

  D.　主文件名和扩展名

12.　资源管理器中部的窗口分隔条（　　　）。

  A.　自动移动　　　　　　　　　　　B.　可以移动

  C.　不可以移动　　　　　　　　　　D.　以上说法都不对

13. 每次启动一个程序或打开一个窗口后，在（　　　）上就会出现一个代表该窗口的图标。

  A．我的文档   B．桌面   C．任务栏   D．收件箱

14. Web 上每一个页都有一个独立的地址，这些地址称作统一资源定位器，即（　　　）。

  A．HTTP   B．URL   C．WWW   D．USL

15. 下列字符中，ASCII 码值最小的是（　　　）。

  A．D   B．a   C．F   D．e

16. 超文本中还隐含着指向其他超文本的链接，该链接称为（　　　）。

  A．文件链   B．超链   C．指针   D．媒体链

17. 根据计算机使用的范围，计算机网络可分为（　　　）。

  A．公众网和专用网

  B．广域网和城域网

  C．局域网、城域网和广域网

  D．公众网和局域网

18. 电子邮箱地址的基本结构为：用户名@（　　　）。

  A．POP3 服务器域名   B．SMTP 服务器 IP 地址

  C．POP3 服务器 IP 地址   D．主机名

19. OSI（开放系统互连）参考模型的最底层是（　　　）。

  A．物理层   B．传输层

  C．网络层   D．应用层

20. 计算机网络的功能有（　　　）。

  A．资源共享   B．数据通信   C．分布式处理   D．以上都是

21. 信号可以分为（　　　）。

  A．模拟信号和传输信号

  B．模拟信号和数字信号

  C．传输信号和数字信号

  D．模拟信号、数字信号和传输信号

22. 进行网络互连，当总线网的网段已超过最大距离时，可利用（　　　）来延伸。

  A．网桥   B．路由器

  C．中继器   D．网关

23. Internet 中最基本的 IP 地址分为 A、B、C 3 类，C 类地址的网络号占（　　　）个字节。

  A．1   B．2   C．3   D．4

24. 在 Windows 中，关于设置屏幕保护的作用，（　　　）的说法是不正确的。

  A．屏幕上出现活动的图案或暗色的背景可以保护监视器

  B．通过设置口令来保障系统安全

  C．为了节省计算机内存

  D．可以减少屏幕的损耗和提高趣味性

25. 要移动文件或文件夹,可选定要移动的文件或文件夹,然后单击工具栏上的(　　　)按钮,再进行下一步操作。

  A．删除   B．剪切   C．复制   D．粘贴

26. 云计算的一大特征是（　　　　），没有高效的网络云计算就什么都不是，就不能提供很好的使用体验。

  A. 按需自助服务

  B. 无处不在的网络接入

  C. 资源池化

  D. 快速弹性伸缩

27. 迄今为止最经济实用的一种自动识别是（　　　　）。

  A. 条形码识别技术　　　　　　　　B. 语音识别技术

  C. 生物识别技术　　　　　　　　　D. IC 卡识别技术

28. 当把显示器的分辨率从 800×600 调整为 1 024×768 时，图像的画面将（　　　　）。

  A. 保持不变　　　　　　　　　　　B. 变大

  C. 变小　　　　　　　　　　　　　D. 不能确定

29. 常用的多媒体输入设备是（　　　　）。

  A. 显示器　　　　　　　　　　　　B. 扫描仪

  C. 打印机　　　　　　　　　　　　D. 绘图仪

30. 计算机病毒是可以造成计算机故障的（　　　　）。

  A. 一种计算机部件　　　　　　　　B. 一种计算机设备

  C. 一块计算机芯片　　　　　　　　D. 一种计算机程序

9.7.2　操作题

1. Windows 操作

测试素材
测试 G-1

📖【提示】

所有操作在 D:\ PCTrain\TG\Windows 文件夹下进行。

测试视频
测试 G-1

① 在 Windows 文件夹下创建"计算器"的快捷方式。

测试结果
测试 G-1

② 将 Computer 文件夹下的"图像.bmp"文件重命名为 image.bmp。

③ 将 Computer 文件夹下的演示文稿文件设置为"只读"属性。

④ 删除 DATA 文件夹下第 3 个字母为 u 的所有文件。

测试素材
测试 G-2

⑤ 在计算机中搜索扩展名为 txt 的文件，并复制 3 个到 BAK 文件夹下。

2. Word 操作

📖【提示】

对 D:\PCTrain\TG\Word7.docx 文件进行操作，并以原文件名保存。

① 根据图 9.23 所示的参考样张，对文档 word7.docx 进行格式设置，要求跟样张基本一致。图片素材文件 dufu.bmp 在 D:\PCTrain\TG 文件夹中。

测试视频
测试 G-2

② 自定义纸张大小为：宽 20 厘米，高 25 厘米；上、下、左、右页边距均为 2.5 厘米。

测试结果
测试 G-2

③ 设置页眉为"杜甫诗歌"，左对齐，页面底端插入页码，居中对齐。

④ 根据图 9.24 所示的表格样图在文档末尾制作表格，要求跟样图基本一致。

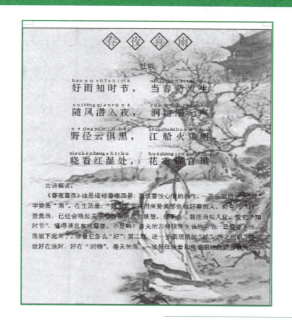

图 9.23
文档效果图

身份证号码																
姓名			性别						照 片							
出生日期			户口所在地													
家庭住址																
申请类别	□港澳通行证□签注				申请种类			□旅游□探亲								

图 9.24
表格效果图

3. Excel 操作

📖【提示】

对 D:\PCTrain\TG\Excel7.xlsx 文件进行操作，并以原文件名保存。

在工作表 Sheet1 中完成如下操作：

① 设置标题"产品销售表"单元格水平对齐方式为"居中"。

② 利用函数计算"合计"行中数量和价格的总和，并将结果放入相应的单元格中。

在工作表 Sheet2 中完成如下操作：

① 设置标题"美亚华电器集团"单元格字号为 16 磅，字体为"黑体"。

② 为 D7 单元格添加批注，内容为"纯利润"。

③ 将表格中的数据以"销售额"为关键字，按降序排序。

在工作表 Sheet3 中完成如下操作：

① 将工作表重命名为"奖金表"。

② 利用"姓名""奖金"数据创建图表，图表标题"销售人员奖金表"，图表类型为"堆积面积图"，并作为对象插入"奖金表"中，图表效果如图 9.25 所示。

测试素材
测试 G-3

测试视频
测试 G-3

测试结果
测试 G-3

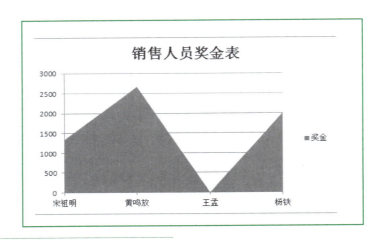

图 9.25
图表效果图

4．PowerPoint 操作

📖【提示】

对 "D:\PCTrain\TG\海南名菜.pptx" 文件进行操作，并以原文件名保存。

① 在第 1 张幻灯片之前插入一张标题幻灯片，主标题为 "海南四大名菜"，设置格式为 44 磅、加粗、红色、黑体；副标题为 "海南旅游—悠游"。

② 按照第 2 张幻灯片中的目录调整幻灯片的顺序。

③ 采用 "默认设计模版 4" 主题颜色。按照第 2 张幻灯片的标题格式，对所有幻灯片标题格式进行统一设置。

④ 统一设置幻灯片标题为 "形状" 的动画效果，文本对象动画效果自定。统一设置幻灯片切换的动画效果为溶解效果、单击鼠标换页、激光声音。

⑤ 在母版中进行设置，使幻灯片左下角显示幻灯片编号，页脚位置显示 "海南名菜"。插入图片 bj.gif 作为幻灯片的背景，效果如图 9.26 所示。

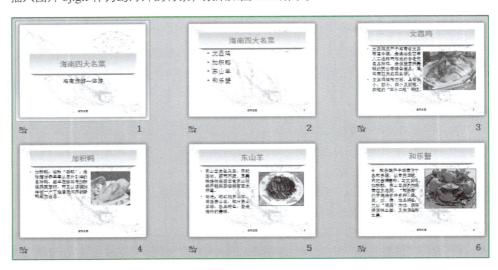

图 9.26
演示文稿效果图 7

9.8 综合测试（H）

9.8.1 选择题

综合测试 H
选择题测试

1. 软件和硬件之间的关系是（　　）。
   A. 硬件只能通过软件起作用　　　　B. 没有软件就没有硬件
   C. 没有软件，硬件也能发挥作用　　D. 没有硬件，软件也能起作用

2. 数据库管理系统软件属于（　　）。
   A. 应用软件　　　　B. 工具软件　　　　C. 系统软件　　　D. 操作系统软件

3. 1 024×1 024×1 024 B 是（　　）。
   A. 1 GB　　　　　　　　　　　　B. 1 KB
   C. 1 MB　　　　　　　　　　　　D. 1 TB

4. 计算机的字长取决于 CPU 内数据总线的宽度，若一台计算机的字长是 4 B，则它在 CPU 中作为一个整体加以传送处理的二进制代码为（　　）位。
   A. 32　　　　　　　　　　　　　B. 4
   C. 8　　　　　　　　　　　　　　D. 64

5. （　　）可能是图形化的单用户、多任务操作系统。
   A. DOS　　　　　　　　　　　　B. UNIX
   C. Netware　　　　　　　　　　D. Windows

6. 计算机中的所有信息都是以二进制方式表示的，主要理由是（　　）。
   A. 物理元件性能所致　　　　　　B. 运算速度快
   C. 节约元件　　　　　　　　　　D. 信息处理方便

7. 常用的拼音输入法、五笔字型输入法等实际上是实现了汉字的（　　）。
   A. 交换码和输入码的对应关系
   B. 输入码和机内码的对应关系
   C. 交换码和机内码的对应关系
   D. 输入码和字形码的对应关系

8. 在计算机应用中，"计算机辅助设计"的英文缩写为（　　）。
   A. CAI　　　　　　　　　　　　B. CAD
   C. CAM　　　　　　　　　　　　D. CAT

9. 下列关于不确定性知识描述错误的是（　　）。
   A. 不确定性知识是不可以精确表示的
   B. 专家知识通常属于不确定性知识
   C. 不确定性知识是经过处理过的知识
   D. 不确定性知识的事实与结论的关系不是简单的"是"或"不"

10. 以下关于 Windows 快捷方式的说法正确的是（　　）。
    A. 只有文件和文件夹对象可建立快捷方式
    B. 一个快捷方式可指向多个目标对象
    C. 一个对象可有多个快捷方式

D．不允许为快捷方式建立快捷方式

11．通过（　　）能对系统资源进行管理。

    A．"此电脑"和"资源管理器"

    B．"此电脑"和"控制面板"

    C．"资源管理器"和"控制面板"

    D．"控制面板"和"资源管理器"

12．Windows 的菜单命令中，变灰的命令表示（　　）。

    A．将切换到另一个窗口　　　　　　　　B．将弹出对话框

    C．该命令正在使用　　　　　　　　　　D．该命令此时不能使用

13．Windows 的桌面指的是（　　）。

    A．打开的应用程序和文档的全部窗口

    B．Windows 启动成功后的整个屏幕

    C．当前屏幕上的应用程序窗口

    D．某个正在运行的程序窗口

14．在桌面上要移动任何 Windows 窗口，可使用鼠标指针拖动该窗口的（　　）。

    A．滚动条　　　　　　　　　　　　　　B．标题栏

    C．边框　　　　　　　　　　　　　　　D．控制菜单框

15．计算系统的发展方向（　　）。

    A．各个部件乃至整体的体积越来越小

    B．将越来越多的 CPU 集成起来，提高计算能力

    C．越来越拥有人的智能

    D．上述都是

16．云计算的部署模式不包括（　　）。

    A．私有云　　　　　　　　　　　　　　B．公有云

    C．政务云　　　　　　　　　　　　　　D．混合云

17．Internet 采用（　　）方式来访问资源。

    A．资源共享　　　　　　　　　　　　　B．客户端/浏览器/数据库

    C．客户端/服务器　　　　　　　　　　　D．分布式

18．Internet 的前身（　　）是美国国防部高级研究计划局于 1968 年主持研制的，它是用于支持军事研究的实验网络。

    A．NFSnet　　　　B．ARPAnet　　　　　C．DECnet　　　　D．TALKnet

19．不同计算机或网络之间通信，必须（　　）。

    A．使用相同的协议　　　　　　　　　　B．安装相同的操作系统

    C．使用有线介质　　　　　　　　　　　D．使用相同的联网设备

20．电子邮件的英文缩写是（　　）。

    A．Em　　　　　　　　　　　　　　　B．Eletronicm

    C．ElE-mail　　　　　　　　　　　　　D．E-mail

21．UDP 指的是（　　）。

    A．简单邮件传输协议　　　　　　　　　B．文件传输协议

    C．用户数据报协议　　　　　　　　　　D．域名服务协议

22．一般在 Internet 中域名（如 tech.Hainnu.edu.cn）依次表示的含义是（　　）。

A. 主机名、网络名、机构名和最高层域名

B. 用户名、主机名、机构名和最高层域名

C. 用户名、单位名、机构名和最高层域名

D. 网络名、主机名、机构名和最高层域名

23. 不属于顶级域名的是（　　）。

A. edu B. com C. cni D. net

24. Microsoft Edge 是一款（　　）。

A. 管理软件 B. 操作系统平台

C. 浏览器 D. 翻译器

25. 磁盘碎片整理程序的作用是（　　）。

A. 提高硬盘的速度和利用率 B. 将硬盘上的数据清除掉

C. 删除硬盘上的病毒 D. 将磁盘碎片部分修理好

26. 计算机网络增强了个人计算机的许多功能，但目前仍办不到（　　）。

A. 资源共享和相互通信

B. 提高可靠性和可用性

C. 杜绝计算机病毒感染

D. 银行和企业间传送数据、账单

27. 以下（　　）项用于存储被识别物体的标识信息。

A. 天线 B. 电子标签 C. 读写器 D. 计算机

28. 智慧城市的构建不包含（　　）。

A. 数字城市 B. 物联网 C. 联网监控 D. 云计算

29. 多媒体软件系统不包括（　　）。

A. 多媒体操作系统 B. 音频输入输出设备

C. 多媒体素材编辑软件 D. 多媒体应用软件

30. 下列预防病毒的措施中，（　　）是无效的。

A. 修改可执行文件的属性为只读文件

B. 保持计算机的清洁卫生

C. 不非法复制和使用来路不明的 U 盘

D. 安装杀毒软件

9.8.2　操作题

1. Windows 操作

📖【提示】

所有操作在 D:\PCTrain\TH\windows 文件夹下进行，如图 9.27 所示。

① 在 windows 文件夹下根据以下目录创建 word 文件夹及子文件夹。

② 把 temp 文件夹下的所有文件移动到 Copy 文件夹中。

③ 在 windows 文件夹中为 Copy 文件夹创建快捷方式。

测试素材
测试 H-1

测试视频
测试 H-1

测试结果
测试 H-1

```
⊟ 📁 windows
    📁 Copy
    📁 excel
    📁 New
    📁 temp
  ⊟ 📁 word
      📁 二班作业
      📁 一班作业
```

图 9.27
文件夹结构图 2

④ New 文件夹中新建一个文本文件，命名为"计算机一级考试.txt"，输入内容"计算机一级考试包括：选择题和操作题"。

⑤ 把 excel 文件夹中的电子表格文件 computer.xlsx 重命名为"计算机基础.xlsx"。

2．Word 操作

测试素材
测试 H-2

测试视频
测试 H-2

测试结果
测试 H-2

📖【提示】

对 D:\PCTrain\TH\Word8.docx 文件进行操作，并以原文件名保存。

① 根据如图 9.28 所示的参考样张，对文档 word8.docx 进行格式设置，要求跟样张基本一致，图片素材文件"红旗.jpg"在 D:\ PCTrain\TH 文件夹中。

图 9.28
文档效果图

② 设置页边距为"镜像"或"对称"。

③ 设置页眉内容为"红旗轿车"。

④ 将系统自带的"计算器"程序窗口复制下来，并添加在文档正文后。

⑤ 根据图 9.29 所示的表格样图在文档末尾制作表格，要求跟样图基本一致。

图 9.29
表格效果图

3. Excel 操作

📖【提示】

测试素材
测试 H-3

对 "D:\PCTrain\TH\Excel 8.xlsx" 文件进行操作，并以原文件名保存。

① 将 Sheet1 更名为 "原始表"，Sheet2 更名为 "统计表"；设置标题格式为隶书，字号为 22 磅，行高为 30 磅，并对标题合并居中；给 "编号" 列填充 "001，002，003……" 序号。

② 设置边框底纹：除标题外的数据区域设置蓝色粗线外框，红色细线内框。

测试视频
测试 H-3

③ 使用求和函数求出 "应发工资"（应发工资=奖金+浮动工资+基本工资）；使用 IF 函数求出 "应税额"（应发工资超过 1500 元，应税额为超过部分的 5%，否则纳税为 0）；使用公式求出 "实发工资"（实发工资=应发工资–扣款–应税额）。（说明：此题用于练习，与实际纳税情况不符。）

测试结果
测试 H-3

④ 将 "原始表" 中的数据列表复制到 "统计表" 中，以 "部门" 为分类字段，"平均值" 为汇总方式，"实发工资" 为汇总项完成分类汇总。

⑤ 在 "统计表" 中依据计划部门实发工资及相关信息，插入如图 9.30 所示的图表。

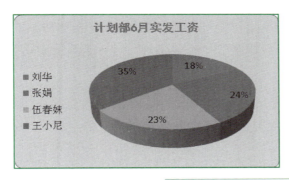

图 9.30
图表效果图

4. PowerPoint 操作

📖【提示】

测试素材
测试 H-4

对 "D:\PCTrain\TH\感恩母亲节.pptx" 文件进行操作，并以原文件名保存。

① 更改幻灯片的主题为 "新闻纸"；第 1 张幻灯片标题为 "感恩母亲节"，副标题为 "献给天下所有的母亲"。在最后插入一张幻灯片，输入艺术字 "妈妈，节日快乐！"

② 插入图片 "D:\PCTrain\TH\天空.JPG" 为第 2 张幻灯片设置背景。

测试视频
测试 H-4

③ 设置除第 1 张幻灯片以外的所有幻灯片中文字为 32 磅、微软雅黑。

④ 设置幻灯片的文本内容动画效果为 "劈裂"；最后一张幻灯片的动画效果为 "加粗闪烁"。

测试结果
测试 H-4

⑤ 分别设置各幻灯片的切换效果为 "库" "立方体" "门" "形状" "分割" "翻转"。

⑥ 对演示文稿进行页面设置：幻灯片大小为"35 毫米幻灯片"，方向为"横向"。

⑦ 利用排练计时，进行自动播放，效果如图 9.31 所示。

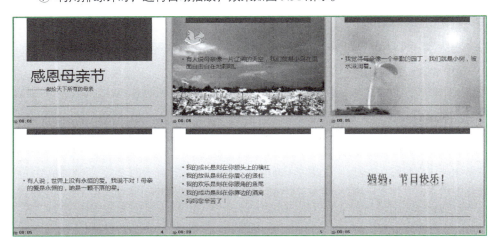

图 9.31
演示文稿效果图

参考文献

[1] 宋春晖，林红燕，陈焕东，等. 多媒体技术与应用实训教程[M]. 北京：高等教育出版社，2017.

[2] 陈焕东，宋春晖，等. 多媒体技术与应用[M]. 北京：高等教育出版社，2016.

[3] 教育部高等学校大学计算机课程教学指导委员会. 大学计算机基础课程教学基本要求[M]. 北京：高等教育出版社，2016.

[4] 林加论，陈焕东，等. 大学计算机基础（Windows 7+Office 2010）[M]. 北京：高等教育出版社，2013.

[5] 邢海花，陈焕东，等. 大学计算机基础实训教程(Windows 7+Office 2010) [M]. 北京：高等教育出版社，2013.

[6] 陈焕东，宋春晖，等. 多媒体技术与应用[M]. 北京：高等教育出版社，2011.

[7] 周柏清，郭长庚，李娜. 计算机基础项目化教程（Windows 7+Office 2010）[M]. 浙江：浙江大学出版社，2011.

[8] 俞承杭. 计算机网络与信息安全技术[M]. 北京：机械工业出版社，2011.

[9] 贾昌传. 计算机应用基础(Windows 7+Office 2010)[M]. 北京：人民邮电出版社，2011.

[10] 王诚君. 新编 Office 2010 高效办公完全学习手册[M]. 北京：清华大学出版社，2011.

[11] 张晓景，李晓斌，等. 计算机应用基础（Windows 7+Office 2010）[M]. 北京：清华大学出版社，2011.

[12] 教育部高等学校计算机基础课程教学指导委员会. 高等学校计算机基础核心课程教学实施方案[M]. 北京：高等教育出版社，2011.

[13] 教育部高等学校计算机基础课程教学指导委员会. 高等学校计算机基础实验教学课程建设报告 [M]. 北京：高等教育出版社，2010.

[14] 华诚科技. Office 2010 办公专家从入门到精通（精编版）[M]. 北京：机械工业出版社，2010.

[15] 吴淑雷，陈焕东，宋春晖，等. 计算机应用基础[M]. 北京：高等教育出版社，2009.

[16] 宋春晖，陈焕东，等. 计算机应用基础 Web-Learning 教学系统. 北京：高等教育出版社，2009.

[17] 教育部高等学校计算机基础课程教学指导委员会. 高等学校计算机基础教学发展战略研究报告暨计算机基础课程教学基本要求[M]. 北京：高等教育出版社，2009.

[18] 杜占吉，陈焕东，宋春晖，等. 教育信息化背景下的 E-Learning 教学研究与实践[M]. 海口：三环出版社，2008.

[19] 牛少彰，崔宝江，李剑. 信息安全概论[M]. 2 版.北京：北京邮电大学出版社，2007.

[20] 陈焕东，宋春晖，吴淑雷，等. 计算机文化基础[M]. 海口：海南出版社，2006.

[21] 蔡爽. Office 2003 公司办公从入门到精通[M]. 北京：中国青年出版社，2005.

[22] 宋春晖，雷景生，陈焕东. 基于 Web 模式可移植性训练系统的设计与实现[J]. 海南师范大学学报（自然科学版）. 2005（2）：141-144.

[23] 陈焕东，宋春晖，吴淑雷，等. 计算机基础实训教程[M]. 海口：海南出版社，2005.

[24] 杨振山，龚沛曾，等. 计算机文化基础[M]. 4 版. 北京：高等教育出版社，2004.

[25] 杨振山，龚沛曾，等. 计算机文化基础[M]. 3 版. 北京：高等教育出版社，2003.

[26] 姜勇，李伟. 中文版 Office 2003 五合一实用教程[M]. 北京：清华大学出版社，2003.

[27] 陈焕东，宋春晖，等.计算机文化基础电子教程. 海口：海南省电子音像出版社，2002.

[28] 卢湘鸿. 计算机应用教程[M]. 北京：清华大学出版社，2002.

[29] 陈焕东. 计算机应用基础[M]. 海口：海南出版社，2001.

[30] 李秀，姚瑞霞，等. 计算机文化基础[M]. 北京：清华大学出版社，2001.

[31] 宋汉珍. 微型计算机原理[M]. 北京：高等教育出版社，2001.

[32] 刘相滨，刘艳松，等. Office 高级应用[M]. 天津：电子工业出版社，2016.

[33] 深圳职业院技术学院计算机与网络基础教研室. 计算机应用基础（信息素养+Office 2013 办公室自动化）[M]. 2 版. 北京：高等教育出版社，2017.

[34] 睢碧霞，张静. 信息技术基础[M]. 北京：高等教育出版社，2019.

[35] 战德臣，张丽杰. 大学计算机：计算思维与信息素养[M]. 3 版. 北京：高等教育出版社，2019.

[36] 邢海花，林加论，吴淑雷，等. 大学计算机基础实训教程（Windows 7+Office 2010）[M]. 2 版. 北京：高等教育出版社，2017.

[37] 鲁宏伟，甘早斌. 多媒体计算机技术[M]. 5 版. 北京：电子工业出版社，2019.

[38] 张希文，唐彬，邱冬，等. 多媒体课件制作案例教程（基于 PowerPoint 2013）[M]. 北京：清华大学出版社，2016.

[39] 詹国华，潘红，宋哨兵，等. 大学计算机应用基础教程[M]. 3 版. 北京：清华大学出版社，2012.

[40] 龚沛曾，杨志强，等. 大学计算机上机实验指导与测试[M]. 7 版. 北京：高等教育出版社，2017.

[41] 罗容，迟春梅，王秀鸾，等. 大学计算机：基于计算思维[M]. 6 版. 北京：电子工业出版社，2020.

[42] 王永，肖飞，夏耀稳，等. 大学计算机[M]. 北京：高等教育出版社，2019.

[43] 唐培和，徐奕奕. 计算思维：计算学科导论[M]. 北京：电子工业出版社，2015.

[44] 敖建华，杨青，叶聪. 信息技术基础[M]. 北京：高等教育出版社，2019.

[45] 许磊，张俐丽，刘研. 人工智能与创新创业[M]. 北京：电子工业出版社，2018.

[46] 陈焕东，林加论，宋春晖，等.大学计算机基础（Windows 7+Office 2010）[M]. 2 版. 北京：高等教育出版社，2017.

[47] 王志军，刘彩志，等. 多媒体技术及应用[M]. 2 版. 北京：高等教育出版社，2016.

[48] 王庆喜，陈小刚，王丁磊，等. 云计算导论[M]. 北京：中国铁道出版社，2018.

[49] 杨秀英，施金妹，章欣，等.计算机应用基础案例教程[M]. 天津：天津教育出版社，2011.

[50] 杨秀英，冯莉颖，施金妹，等. 计算机基础实训指导与习题集[M]. 天津：天津教育出版社，2011.

[51] 葛磊,施金妹,孙秀娟. Adobe Photoshop CS6 图像设计与制作案例技能实训教程[M]. 2 版. 北京：北京希望电子出版社，2016.

[52] 关玉英，邓林芳，魏砚雨. Adobe Flash CS6 动画设计与制作案例技能实训教程[M]. 北京：北京希望电子出版社，2014.

[53] 杨秀英，章欣，施金妹，符锡成. 计算机应用基础案例教程[M]. 天津：天津出版社，2011.

[54] 铁钟，彭恺翔，王薇薇. Adobe After Effects CS6 影视后期设计与制作案例技能实训教程[M]. 北京：北京希望电子出版社，2014.

[55] 杨秀英，符锡成，施金妹，库俊华. 计算机基础实训指导与习题集[M]. 天津：天津出版社，2011.

[56] 吕润桃，赵金考，覃国萍. 计算机信息检索与利用[M]. 2 版. 北京：中国水利水电出版社，2018.

[57] 王泳，肖飞. 大学计算机实验教程[M]. 北京：高等教育出版社，2019.

[58] 陈亚军，周晓庆，郭元辉. 大学计算机基础实验指导与习题集[M]. 2 版. 北京：高等教育出版社，2017.

[59] 丁世飞. 人工智能导论[M]. 3 版. 北京：电子工业出版社，2020.

[60] 龚培增，杨志强. 大学计算机[M]. 7 版. 北京：高等教育出版社，2017.

[61] 詹国华. 大学计算机应用基础实验教程[M].3 版. 北京：清华大学出版社，2012.

[62] 娄岩. 大数据应用基础[M]. 北京：中国铁道出版社，2018.

[63] 张莉. 大学计算机教程[M]. 7 版. 北京：清华大学出版社，2019.

[64] 张翼英. 物联网导论[M]. 3 版. 北京：中国水利水电出版社，2020.

[65] 闫宏印. 计算机硬件技术基础[M]. 2 版. 北京：电子工业出版社，2019.

[66] 金永霞，孙宁，朱川，刘小洋. 云计算实践教程[M]. 北京：电子工业出版社，2016.

[67] 刘江，宋晖. 计算机网络技术与应用[M]. 北京：电子工业出版社，2019.

[68] 周苏，褚赟. 创新创业：思维、方法与能力[M]. 北京：清华大学出版社，2017.